ドブロクをつくろう

前田俊彦編

農文協

「どぶろく・手づくり酒」の本・3部作の復刊にあたって

「ドブロクつくりがなぜわるい！」、そんな「主張」を『現代農業』で掲げたのは1975年（3月号）のことだった。高度経済成長と農業の近代化のもと、農家の生産と暮らし、むらが変わりゆくなかで、「これでよいのだろうか」という思いを強めた農家が教えてくれたのは、農家がもち続けている「自給の思想」とその知恵、技を大切にし、とりもどすこと。その象徴がどぶろくであった。『現代農業』ではその頃からどぶろの記事を毎号のように掲載。その流れは、各地の農家が登場する「ドブロク宣言」の連載など今日まで続いている。『現代農業』の蓄積を単行本にした『農家が教える　どぶろくのつくり方』も毎年、晩秋から冬にかけて注文が増え、版を重ねている。

そんな根強いどぶろく人気の大きな発火点になったのが、1981年発行の『ドブロクをつくろう』である。編者の前田俊彦さんはこの出版と相前後して、国を相手どり、自家醸造を禁止する酒税法は憲法違反と主張して訴訟を起こした。最高裁で斥けられたものの、その主張は世に大きな一石を投じた。前田さんは、「まえがき」で、「すでにながいあいだ酒の自家醸造を禁じられているわれわれ日本人は、そのことがいかに人間の基本的な自由の抑圧であるかを感覚的にわすれており、その自由の回復がかならず日本人の文化の蘇生をみちびくという展望も失っている」と書き、日本人の文化の蘇生のためにこの書を編んだと記している。その趣旨に賛同し、憲法学者の小林孝輔さん、農家であり詩人・作家の真壁仁さんら10人の方々が寄稿。そのメッセージは今でも生き続け、次代に伝え継ぎたいと考えた。

『ドブロクをつくろう』の翌年には、その「実際編」である『趣味の酒つくり』（笹野好太郎 著）を発行した。蜂蜜酒など入門編からワイン・ビール・濁酒・清酒、焼酎まで、それぞれの酒にまつわる文化をまじえてつくり方を指南してくれた本だ。

「どぶろくを民衆の手に」という復活宣言本と、庶民のための初めての本格的な自家醸造酒の実用本。この2冊の反響は大きく、いずれも10万部のベストセラーとなった。そこには経済成長のもと、あらゆるものが商品化され、農家・庶民が自らつくる日常生活文化の豊かさが失われていくことへの無念と、その蘇生を願うたくさんの人々がいた。

この2冊とともに、各地のつくり手たちを描いて話題を呼んだ作品を復刊した。『現代農業』の連載から生まれた『諸国ドブロク宝典』である（その後に出た『世界手づくり酒宝典』と合本）。各地を旅し、ドブロクづくりを楽しむ人びとの暮らしぶり、仕込み方、家族や仲間のことなどを、実際に味わいながら取材し個性的なイラストと短文で描き続けたのは、異色の絵師、貝原浩さんである。貝原さんは「あとがき」でこう記している。

「夢心地のなか、味わって想うことは、どの酒にもつくり手の意気が仕込まれているということです。酒という生き物をつくり出す誇りを飲むことでした」

２０２０年3月

一般社団法人　農山漁村文化協会

まえがき

酒の自家醸造が普及すればおおくの弊害をともなう、という意見がある。事実、以前から私が周囲の人にドブロクづくりをすすめているあいだに、しばしばそういう意見をきかされたものである。たとえば、飲酒量がおおくなってアルコール中毒患者がふえるだろう、あるいは酒のうえの喧嘩がおおくなるだろうなどであるが、はたしてそうであろうか。

戦時中の私の経験であるが、ある軍需工場ではたらいていた優秀な技術者が自分の仕事に疑問をもって酒びたりになり、統制がきびしくて容易には手にはいらぬ酒をもとめてほとんど精神錯乱状態になり、まさに典型的なアル中患者であった。そこで私は彼に酒を自分でつくることをすすめ、さすがは技術者である彼は小型の蒸留装置を製作して果実酒からブランデーをつくることに成功したのである。そして、まもなく彼はアルコール中毒から脱出した。これはどういうことであるかというと、彼は酒をのむことの悦楽をさらに酒をつくることの愉悦にまで拡大し、酒をのむことは拡大された愉悦の部分にすぎないことの自覚に達し、必然的に節酒にみちびかれたのである。理屈はこれとおなじではないかもしれないが、杜氏にアル中患者がいないことはよくしられた事実であり、また、阿片の産地であるタイ国チェンマイにはモルヒネ中毒患者がいないということにも注目すべきであろう。つまり、それを多飲すれば弊害があるから警戒を要するのは銭で買うだけの消費者にとってであって、生産者にとっては弊害について心配する必要がないということである。これは単に酒の問題だけではない。

にもかかわらず、すでにながいあいだ酒の自家醸造を禁じられているわれわれ日本人は、そのことがいかに人間の基本的な自由の抑圧であるかを感覚的にわすれており、その自由の回復がかならず日本人の文化の蘇生をみちびくという展望もうしなっている、ということがいえるだろう。そこで、私は不遜をもかえりみず、〃一国人民の文化の性格はその人民がどのような酒をつくるかによって素朴に表現され、また、その国人民の生産者的自由は自分がのむ酒は自分でつくる自由の獲得からはじまる〃という趣旨をのべて、ひごろ志の通じあっている諸氏に執筆を依頼してこの本ができあがった。私個人にしてみれば、ながいあいだの念願がようやくかなえられたというものであるが、しかしまた、ここに容易ならぬことがはじまろうとしているのでもある。あとはこの本をよむ人たちの、自由と愉悦にむかっての決断次第ということになるだろう。

一九八一年三月

前田俊彦

目次

第二部　どぶろくのある風景

目　次

序――今、「ドブロクをつくろう」と何故いうか

前田俊彦

自分がのむ酒は自分でつくる、わが家でのむ酒はわが家でつくるという主張は、人間の自由にとってもっとも根本的な問題提起という、非常に重要な意味をもっている。すくなくとも私は、単なる趣味や道楽としてではなく自由なる人間の尊厳にかけて、酒は自分でつくろうではないかとひろく日本人の全体によびかけたいとおもう。だから、そういうよびかけを具体的にするまえに、一般に現代日本人がもとめているところのいわゆる人間の自由とは何であるか、まずその問題からかんがえてみたい。

あれからもう一〇年にもなるだろうか、ある著名な文化人が〝日本には自由がありすぎる〟といって、その発言をめぐって議論がおおいにわいたことがある。議論がわいたのは、その発言に賛同

する人もすくなからずいたからである。そこで、それらの人びとが日本のこんにちの諸状況についてあらためて発言するとすれば、おそらく〝自由のありすぎる程度はますますひどくなった〟というにちがいないのである。いまはたしかにそういう状況があるのであって、たとえば、おおくの人が憂慮している中学生らによる校内暴行事件のいちじるしい増加傾向など、みる人によってこれは子供たちに自由があたえられすぎているからだという結論になりかねず、いやすでに、そういう結論から警察権力の導入をはじめ、子供たちの自由を制限するさまざまな手段が講ぜられつつある。あるいは、現代性風俗の解放的傾向がますますつよまりつつある傾向について、これもまた表現の自由のあたえすぎであるとの結論からの行政的措置がとられつつあるのである。

たしかに、中学生たちの校内暴行事件の増加傾向にはうれうべきものがあり、性風俗の解放化傾向にはある種の不健康な部分のあることは否定できないけれども、しかし、それらがはたして自由の過剰がもたらしたものといえるだろうか。そうではなくて、ほんとうの意味の自由が欠乏しているからこそそれらの憂慮すべき事態が発生しているのだということを、ひとつの例をあげて説明してみようとおもう。

一九三〇年代から四〇年代にかけて、私は治安維持法違反のかどでかなり長期間の刑務所生活を余儀なくされたが、その在獄中に経験したことである。雑役的な作業をしていて私との接触が比較的頻繁であったある長期刑の受刑者が、刑期をおえて釈放される日がちかづくにつれてしだいに気があらくなり、いよいよ釈放される数日まえのある日、ほんの些細なことで看守に暴行をくわえて懲罰に付せられてしまったのである。受刑者の心理をしらない人はこの事実をしらされて、永年の苦役がおわり自由の身となる日がちかづけば受刑者は陽気になって仲間や看守にも愛想がよくなるはずだとおもうかもしれない。ところが実際はその逆であって、とりわけ累犯者は刑期満了の日がちかづくとしだいに粗暴になり故意に反則をして罰せられるものがすくなくないのを、私はながい刑務所生活のあいだにしることができた。いったいこれはどういうことかというと、釈放がそのまま自由の身になるのではけっしてないということを、彼らはあまりにもよくしっているからである。いうまでもなく、いったん彼らが刑務所の門をでればもはや直接監視するものはたれもいないし、苦役を強制されることもない、おもいきり大声でうたうこともできるし、寝たいときに寝て起きたいときに起きてもよいので、まさに自由そのものが彼らの手のなかにはいるかのごとくである。しかしながら、彼らがながいあいだもとめてやまなかったのはそういう自由ではなく、もっと根源的で本質的なはたらくことの自由だったのである。にもかかわらず、彼らは家郷にかえることを拒否され、就職の機会もとざされている。いいかえれば彼らは、人間の根本的自由である生産者たることの自由をうばわれているのである。この根本的な自由にたいする絶望が、彼らを叛逆にかりたてるのである。

このことは、中学生たちの校内暴行事件の増加傾向にあてはめてもいうことができる。すなわち、彼らも通学しているというかぎりでは生産者としての知識の獲得をこころざしているものといわねばならないが、その生産者であろうとする自由な志とはなんら関係のない枠組による規準、つまり子供たちがこころざす自由な生産者となるのに必要な知識ではなく、他者からの支配にたいして従順な人間となるのに必要な知識の蓄積を要求する規準、そういう規準によって進学のみちが遮断された子供たちは、みずからの破滅をも承知のうえで規準を強制するものへむけて志を爆発させざるをえないだろう。あたかも生きるためにみずから生産者であることの自由を拒否された釈放まえの受刑者が、みずから破滅する自由をえらんで看守に暴行をくわえるようにである。また、不健康な性風俗の氾濫についていえば、現代の性風俗とその表現ないし描写の解放性がある種の弊害をもたらしているとするなら、それは受刑者が刑務所から解放されるそのことに弊害があるのではないのと同様に、解放された性そのものに生産的な自由がないことからそれはおこるのである。というのは、もともと性行為はきわめて生産的なものでなければならないが、その意味は、素朴に産児が目的であるということだけでなく、一夫一妻、一夫多妻、多夫一妻と婚姻制度のいかんにかかわらず夫婦間の性行為は、なによりもまず文化的、経済的、歴史的生活単位としての家庭の生産性を決定するのであり、そのような生産性の保証された性行為のなかで、性は単なる解放としてではなくほんとうの意味での自由として獲得されるのである。もっといえば、恋愛も自由な生産的人間性の同一性の獲得努力としてなされるのであり、その努力が性行為として表現される。ところが、現代人とりわけ都市生活者は生産者としての自由を制度的にうばわれており、したがって生産的人間性の同一性獲得などとうていのぞめず、このことは恋愛関係においても夫婦生活においても健康さを維持できないという結果をみちびき、あたかも性行為の無秩序な解放がその自由獲得であるかのような幻想におちいり、かえって自由をうしなってしまうのである。

いうまでもなく、解放それ自体が否定されてはならない。受刑者は解放されねばならず、中学生はあくまでも解放的に教育される必要があり、性の表現も描写も解放的でなければならぬのである。ただしかし、解放は自由との相関関係で獲得されるのでなければ破綻はまぬかれない、ということを私はいいたいのである。たとえば民族解放運動という問題があり、かつてベトナム人民は長期間にわたる辛苦にみちたたたかいによってアメリカ支配からの解放をかちとるという偉大な事業をなしとげたけれども、そのあとにまねいたおおきな破綻は人民が自由を獲得することにおいて不充分であったからだといわねばならない。このような例は第二次大戦後の世界における民族解放闘争史でかずおおくみることができるが、そういう世界史的な問題でなくても、われわれの日常的な生活面でもきわめて重大な意味をもつ問題である。

そこで、こんどは解放という問題についてすこしかんがえてみるとすれば、普通に解放といういうばあい、それは〝〇〇への解放〟であるより〝〇〇からの解放〟という意味をもっている。抑圧、搾取、苦役、貧乏、病苦、恐怖など、一般的にいえばそれらの苦からのがれることを解放というのである。たとえば家事労働からの解放ということがしばしばいわれるが、それは家事労働を苦とする意識からの発言である。

現実的にみると、各種家庭電気機具の普及が非常にひろい範囲にわたって主婦たちを家事労働から解放したといえる。電気洗濯機を例にとれば、その便利さははじめ手で洗わなくてもよい程度だったのが、やがて濯がなくてもよい、搾らなくてもよい、ついには干さなくてもよいまでにすすんで、以前は主婦たちにとって家事労働のおおきな部分をしめていた洗濯労働からの解放がほとんど達成されたといっていいだろう。このほかにも電気冷蔵庫の普及は、ある人にいわせれば冷蔵庫が日本人の食糧貯蔵技術をほろぼしたといっているくらいで、一面からいえば食糧貯蔵に必要な家事労働から主婦たちを解放したことになるだろう。これらのほかにも各種各様の電気機具に自動車や電話の普及までくわえるならば、わずか三〇年たらずのあいだに日本人はおどろくほどの広範囲にわたって苦にしていたことから解放されたことは事実としてみとめねばなるまい。とりわけ農村においては百姓たちは、いまや家事労働からの解放だけでなく、自家用としての薪炭を生産しなくてもよくなったし、縄も俵も筵もつくる必要がなくなった。家畜の世話をしなくてもよくなったし、はなはだしくは苗代の用意までしなくてよくなったのである。いや、もっというならば、乾田に湛水し湿田の排水をするのは百姓のしなければならぬ基本的な仕事であったのが、いまでは農業基盤整備事業と称して政府が業者にやらしてくれるので百姓は自分でしなくてもよくなったのである。これは日本の農業史上でもおどろくべきことといわねばならない。

このように、都市生活者としての主婦たちが生産的家事労働の苦から脱却し、百姓たちが基本的生産労働の苦から脱却したことを解放というならば、それは解放であることにまちがいはないものの、それらの解放に共通している性格は〝〇〇からの解放〟ということである。とすればそのような解放は、はじめに例示した釈放される受刑者にとっての解放が〝苦役をしなくてもよくなる〟〝規則にしたがわなくてもよくなる〟にすぎなかったと同様で、つづいて〝〇〇をすることができる〟ものは何であるかの展望のない解放だといってさしつかえあるまい。もちろん、家事労働から解放された主婦たちはそれだけ余暇を獲得したのであり、その余暇を利用して生産的な仕事をする可能性はひらかれている。しかしながら、一般的にいって家事労働から解放された主婦たちにどのような生産的仕事が保証されているだろうか。このばあい、自分自身の教養をたかめることにやくだつ活動も生産的な仕事だということもできるが、現代の商品社会においては、自分や家庭の文化水準をたかめるための活動はほとんど選択活動の域をでることができないという、きわめて重要な客観的状況があり、とりわけ基本的な生産労働の苦から解放されたかにみえる百姓たちは、現金獲得のため出稼ぎにいくということ以外に自分の生産的仕事を選択するみちはないのである。これは現代の商品社会における選択の自由の何であるかをといかける重要な問題であるが、同時にそれは解放の何であるかの問題でもあるのである。

そこで、解放の何であるかについて他の一面からの考察をすすめてみよう。

わけても都市生活者たちは、かなり以前から自分の排泄物を自分で処理しなくてもよくなっている。肉体の排泄物だけでなく家庭や地域共同体の排泄物であるゴミなども、自分たちで処理する必要がなくなっている。その必要がないどころか、自分の排泄物を自分で処理することは禁じられており、その禁をおかすものは軽犯罪として罰せられかねないのである。しかしながら、そもそも人間の本来としては、自分の排泄したものや自分の生活のなかから生じたゴミなどは自分で処理すべきであろう。排泄物をたれながしにしゴミをだしっぱなしにするのは、自分がこまるだけでなく他人に迷惑をかけることははなはだしいので、つまりはそれが公害のはじまりであるので、人間だけでなく鳥類や獣類も自分の排泄物は他の迷惑とならないよう自分で処理する工夫をしてきているのである。ところが、まずはじめに王侯貴族たちが自分で処理することをやめて家来にやらせるようになり、そしてあたかもそれが文化的にすぐれたことであるとされ、ついにこんにちでは排泄物などを自分で処理することは悪とされるにいたったのである。もちろん現代のような都市構造ではそれを悪とするのは当然であるが、いったいこういう都市構造ができた背景にあるのは、自分の排泄物を自分で処理することは反文化的であるとする非文化的思想にほかならず、そのような非文化的思想こそが現代のあらゆる公害の根源となっているのである。すなわち、個人であると企業体であるとをとわず、生活をし生産的活動をしているかぎりなんらかの他人迷惑な物質を排出し環境をわるくすることはさけがたいのであって、しかしそれを他人の迷惑にならないよう他人に処理させる体制をすぐれた体制だとする思想が、現代のとめどなく拡大する公害の発生源にほかならない。

自分の排泄物を他人に処理させることとの制度化は、かつて王侯貴族たちが家来にさせていたり、自分ではできない病人や幼児たちのために近親者がしてやるのとちがって、現代資本主義の主たる支柱である分業思想の所産である。つまり、生物のなかの一員としての人間が、自分の排泄物は自分で処理するという当然ではあるが苦痛をともなう労働からの解放をかちとりえたのは分業の発達による、というわけである。しかし、ここで注意しなければならぬのは、そのような苦痛からの解放が分業制度の発達によって達成されたとはいえ、その分業化された仕事は政府あるいは地方自治体に課せられるのが普通になっている事実についてである。なぜこの事実に注意しなければならぬかといえば、いわゆる資本主義的分業制度のもとで生産された商品をわれわれが買う銭と、政府や地方自治体にわれわれが支払う税金の銭とは、その性質がまったくちがっているからである。すなわち、商品を買うにあたってわれわれには選択の自由が、それもしだいに制限されつつあるのが実態だけれども、すくなくとも原則的には保証されているといえるが、政府や地方自治体に支払う税金には選択の自由などまったく保証されていない。そしてこのことは、われわれの排泄物を政府や地方自治体が処理しているのは分業としてやっているのではなく、われわれが自分で処理するというやりかたをそういう形でやっている、という意味をもっているのである。だからもっと明確にいえば、われわれの排泄物処理にかぎらずもろもろの行政措置はすべて、政府や地方自治体とわれわれとのあいだの分業関係としてではなく、われわれがやるべきことはわれわれ自身がするという政治措置なのである。そういう意味でわれわれは選択の余地なく税金を払っているのであり、だから政府や地方自治体はわれわれの政府であり地方自治体であるのである。そしてそのかぎりで、われわれの政府や地方自治体は主権在民の原則につらぬかれた民主主義的政治体制ということができる。

民主主義をいうばあいわれわれがあくまでも主権在民にこだわるのは、われわれが自分ですべきことはけっして他人まかせにはしないという生活者としての人間本来を出発点としている。しかしながら、いわゆる分業によって成立している資本主義は政治体制をも分業化することによって自己の体制の維持強化につとめるのであるが、その作業過程として選挙を通じての政治家の商品化がある。

政治家にかぎらず学者や芸術家もすべて商品化されつつあるのが現状であるが、商品の本来的性質はそれを買う人に選択の自由を保証するけれども、いったん買いとられた以上は買った人にたいして責任をもたないものである。よほどの粗悪品をつかまされたばあいでなければ、売った人も容易にはとりかえに応じてくれない。現代の選挙によってえらばれた政治家たちはすべてそういう商品にすぎなくて、ひとたびえらばれればその瞬間から選挙民にたいしてすこしも責任をおわず、他者の意図にあやつられて選挙民のかんがえてもいなかった政策遂行にあたるのである。たとえば、うたがう余地なく日本の人民は戦争をしようなどとはかんがえていないにもかかわらず、非人民的な意図にあやつられて政治家たちは戦争準備をいそぐのである。もちろん政治家たちはそれを戦争準備とはいわなくて、戦争をしないためであるとか戦争をしかけられたばあいの備えのためであるとかいう。しかしながら、戦争をなくするための仕事、あるいは戦争をしかけられたばあいの備えは、ほかならぬわれわれ人民自身がしなければならぬことである。われわれはそのことをわすれずに政治家をえらぼうとするのであるが、商品化された政治家は義によらず利によって有権者をさそい、有権者を裏切って防衛の問題を分業化してしまうのであるが、ひとたび分業化されれば防衛の専門家たちは必然的に際限のない軍備強化につっぱしるのである。

基本的には、自分の身の安全は自分でまもらねばならない。だから地震の危険性のあるところでは、個人的な安全対策についての指導がおこなわれている。地域の安全は地域住民によってまもらねばならない。だから、たとえば三里塚の農民は空港公団の侵略的進出に抵抗してたたかっている。国の安全は国民がまもらねばならない。だから、あらゆる侵略に反対する各種の人民運動がいたるところにおこっている。それらはいずれも、いまはかならずしも強力であるとはいえないが、それは人民の意図とはちがった意図をもつ権力者によって弾圧されているからである。

問題は防衛に関してだけでなく、エネルギーに関してもおなじことがいえる。かつてのいわゆる第一次石油ショックのとき、NHKテレビの座談会の席上で自民党の木村科学技術庁長官すらが、〃エネルギー危機というけれども、企業なり個人なりが自分で必要とするエネルギーは自分で調達するという原則が確立されるならば危機はありえない〃という趣旨の発言をしているのである。これは至言というべきで、もしそれによって全体的な生産活動の停滞がおこるとするならば、その打開にこそ科学技術は最大限の貢献をすることができるのである。そして、その貢献はけっして原子力発電などの方向にむかうものではないと断言できるのである。

食糧問題についても同様である。いま日本の穀類の食糧自給度は総需要の四〇%にすぎないといわれているが、このような状態がもたらされた背景には、国際分業論にもとづいて米をのぞく穀類は国内生産をしなくてもよいとする政策が強行されているからである。かつての日本の美田は年をおうにつれて無残な荒廃の度をつよめているが、それは一方に減反政策があり他方には米以外の穀物を生産してもひきあわぬという事態があるからで、この不均衡は自然な趨勢ではなく政策によって故意にもたらされたものである。だから、おそれられている食糧危機を回避するみちはエネルギーの問題と同様に、まず自分に必要な食糧は自分で生産する自由の保証を原則とし、ついで地域で必要とする食糧は地域で、最終的には国で必要とする食糧は国内生産でまかなう政策をたてることである。それができないというならば、あらゆる自然的な諸条件にもっともめぐまれた日本をのぞいてどこの国にそれができるというのであろうか。

以上みてきたことであきらかなように、われわれは警察官を増員し彼らに武装させればわが身の安全をまもることを自分でしなくてもよいという解放を獲得できるとおもったのに、かえっていまでは彼らによって身の安全、財産の保全がおびやかされている。また、たしかにわれわれは燃料として薪炭を備蓄しなければならぬ苦労から解放されたけれども、エネルギー問題を分業として専門家にまかせたばかりに彼らが開発した原子力エネルギーによって人民全滅の危険にさらされている。さらにまた、国際分業の名でわれわれは自分たちの田畑でできるものでも苦労して生産しなくてもよいという解放には接したけれども、いつ食糧輸入がとだえて日本人全体がうえねばならぬのかわからないという危険に直面している。そしてこれらのことは、生活者としての人間であるわれわれは生活するに必要なものは自分で生産調達し、生活によって必然的に生ずる廃棄物や、排泄物は他人の迷惑とならないように自分で処理し、外敵の侵入や自然の変動によって身の安全がおびやかされれば自分で防衛する手段を講ずべきであるということを、そういう自由の獲得としてかんがえる必要のあることをしった。またこれらの自由は、商品選択の自由とはまったくちがった主体的な自由であることもしったはずである。

さて、私は〝自分がのむ酒は自分でつくろうではないか〟ということをいわんがために、解放と自由との関係を中心にいろいろと論じてきた。そしてあきらかにしようとこころみたのは、解放は〝○○をしなくてもよい〟から〝○○をすることができる〟自由への解放でなければならぬこと、さらにその自由は人間が生活していくのに必要な物や情報を獲得するにあたっての選択の自由よりそれらを自分で生産する自由の獲得でなければならぬということであった。そこで、そのような自由の獲得をめざす第一歩として〝酒をつくる〟ことをえらんだのはなぜであるかといえば、まず酒の自家醸造はきわめて容易であること。もちろん酒の種類はおおくて醸造法も多様であり、できるかぎり芳醇な美酒をえようとすればそれだけに技術の習得を必要とすることは当然であるが、すくなくとも本書で紹介しているような手近な材料で簡単に市販の酒におとらないものが醸造できるのである。そして第二に、量の多少はとわずどこの家庭でも愛用する酒の自家醸造をおおくの人がはじめるということは、それが口火となってすでにほろびつつある味噌、醤油の自家醸造、豆腐、蒟《コン》蒻《ニャク》、納豆などの自家製造の復活をもたらすにちがいないからである。いやそれだけでなく、われわれ日本人はバター、チーズなどの乳製品からハム、ソーセージ、ベーコンなどの西欧の伝統的食品を日常の食卓にのせるようになったが、それらを吟味して食うことをしった以上は作ることもしるにいたるだろう。そうならなければ、日本人には食生活における文化がないといわれてもしかたがあるまい。

かつて毛沢東が健在のころの中国で、いわゆる土法による小規模な製鉄所が全国のいたるところに建設されて実際にそれが稼働したことがある。私のみるところでは、当時の中国の指導者たちはそれらの製鉄所から良質で多量の鉄材生産を期待していたのではなかった。彼らが期待していたのは、鉄という重要な生産資材も人民が必要とする質量だけ人民自身が生産するという、そういう自立意識の昂揚にほかならなかった。つまり、非能率的な土法による製鉄法がやがて廃絶されて効率のよい近代的製鉄所が建設されたばあい、もはや鉄は自分で精錬する必要がなくなってその苦労から解放されるのではなくて、たとえ製鉄所は巨大化され高能率化されても、そこでの鉄はおれたちが生産しているのだという意識を、ひろく人民大衆のあいだに制度的にのこしておかねばならなかった。私は中国の文化大革命をそういうものとして理解していたので、言葉をかえれば、すべての人民における生産者としての自由確立が中国文化大革命の志であった。だが、それはさまざまな理由があっておしくも挫折してしまった。

しかし、われわれはおなじ轍をふんではならぬのである。おおくの人が日本においては政治的革命以前に文化大革命がなければならぬと主張していて、私も同意見であるが、そのためには生産者の自由確立はできるかぎり身近なところからであることが必要で、酒の自家醸造こそがまさにそれでなければなるまい。酒の醸造は自然的諸条件の微妙な変化にはきわめて敏感に反応するので、それを自分でやることの自由を獲得した人がさらにエネルギーを自給する自由の獲得にむかってすすむばあい、その人は原子力発電などというおそるべき発想にいたることがないのは確実である。したがって、反原発運動の基本としても酒の自家醸造運動は有効であろう。

おもえば、酒は人類発生以前から地球上に存在していたものである。酒は天からあたえられた美禄であるといわれる所以であるが、われわれ日本人はその酒の自家醸造を禁じられてすでにひさしい。だが、われわれは広汎な生活者的生産の自由獲得をめざして、今その門出に自家醸造の酒をたかだかと乾盃して進撃を開始しよう。

〔まえだ　としひこ〕一九〇九年福岡県に生れる。一九三二年から三八年まで治安維持法違反で投獄される。戦後一九四八年から五三年まで郷里の京都郡延永村の村長を勤める。一九六二年から『瓢鰻亭通信』を発行しはじめ、現在は同時に「三里塚空港廃港宣言の会」代表をしている。

主著『瓢鰻亭通信』（土筆社）

『続・瓢鰻亭通信』（土筆社）

『根拠地の思想から里の思想へ』（太平出版社）

第一部　どぶろくを民衆の手に

I 酒税法は憲法違反である

小林孝輔

一、徴税のための人民

「酒税法」という法律がある。現行の酒税法は、戦後の一九五三年に制定された。この法律によれば、アルコール分一%以上をふくむ飲料を『酒』という。そしてその製造、貯蔵、飲用、管理、販売等は、たいへんきびしく規制されている。

この本の趣旨から、ここではとくに酒の製造に関するさまざまな規制について、考えてみたい。概していえば、酒税法という法律は実に不合理な法律である。あとでくわしくみるように、酒の製造つまり酒造は官庁による免許制である。免許をとらない酒造はいわゆる密造として罪になり罰せられる。ひとが自分の所有する材料で、自分がたのしむために酒を造る。なんでこのことに対して官庁の許可が必要なのだろう。このような許可を要するだけでもおかしいのに、その上、許可を得て造れば造ったで、そのことに対して――売ってなにがしかの利益をえたわけでもないのに――税金を納めなければならないのだから、ますますおかしい。結局、酒造の免許制というのは、税金をとるための制度にほかならない。

封建時代の専制国家では、徴税のために人民はあった。近代の民主国家では人民のために徴税はある。これは大きな違いである。しかし、いまみたようにわが国の酒税法はあたかも封建時代の税制そのものといっていい。明治憲法時代ならともかく、国民の「幸福追求権」（憲法一三条）を侵すべからざる基本的人権として保障し、国民による国民のための政治を定めている今日の民主主義憲法のもとで、このような酒税法がまかり通っているのは、あるいはまかり通らせているのは、考えてみれば信じがたいことであり、まことに前近代的な不可思議な現象といわねばならない。

一体このような制度はいつ、なぜ出来あがったのか。まず歴史的由来をみよう。それによって、この酒税制度が現存することの根本的おかしさが分るだろう。あとからくわしくみるような、酒税法の違憲性はすべて、この根本的おかしさに由来するといっていい。

二、酒税法の歴史と目的

酒造の制度のさまざまな問題を論じた文献資料は決してすくなくない。そのなかで手近な読みものとしては、『どぶろくと抵抗』（野添憲治・真壁仁編、たいまつ社、一九七六年）がある。この項の記述にあたっても、たいへん参考になり、教えられた。

さて、酒の製造規制は一八九九年（明治三二年）にはじまる。その目的は、なにか。

だいたい明治以前、旧幕時代にも、酒造業者に対し、ときにより運上金や冥加金《みょうがきん》（いずれも特定の営業に対する税）が課せられることはあった。しかし自家醸造は原則として自由だった。

幕藩体制を倒し、政権を掌握した明治政府は、非常な財政難にあえいでいた。そこで酒税の徴収を思いついた。そしてまず一八六八年（明治元年）「酒造規則」五ヶ条を設け、ついで七一年太政官布告で免許制度を採用し、新規免許の際清酒は一〇両、濁酒は五両の免許料とした（ちなみに、この年の五月に一円を単位とする「新貨条例」が定められ、一二月に新紙幣発行が布告された）。また毎年の免許税、醸造税も定めた。その後数回の改正がなされた。このころまでは、すべて酒販売業者が対象で自家用酒造については、まったく関係がなかった。

ところがこのようにして、酒税を酒販売に限り自家醸造を自由にしておいたのでは税収に限界ありとみた政府は、酒造そのものに課税することにしたのである。すなわち、まず一八八〇年九月制定の「酒税規則」付則により、自家醸造は一年一石以内という規制がなされた。さらに八二年一二月には自家醸造に対し、課税されることになった。そして免許鑑札料として、年に八〇銭(一石以内とする制限はそのまま)を納めること、製品の売買は許されないこと、違反者は三〇円以下六円以上の罰金なること、等が定められた。

日清戦争(一八九四年八月―九五年四月)は、明治政府が惹起した最初の大戦争で、国の経済力は大損耗し、財政の窮乏は非常なものだった。これに対処するため政府は一八九六年三月、業者の酒造税を大幅に増額するとともに、自家用酒造法を制定し、製造者の資格を限定し、それまでの免許料を製造税とし、税額も引上げた(なお、同年同月には葉煙草専売法も制定され、九八年元日より実施された。つまり、庶民のささやかなたのしみはそれぞれ、戦争の始末のための犠牲にされた)。そして一八八九年にいたり、徴税の徹底のため、ついに自家用酒造は全面的に禁止される。また税率も引上げられた。そして日露戦争(一九〇四年二月―五年九月)への準備は進められていったのである。〔一九〇四年四月一日に、非常特別税法、煙草専売法(製造にも専売制)が公布、七月一日に施行されている〕。

以上にみたように、酒、煙草という大衆的嗜好品に対する国家統制政策は、明治国家の軍事政策の進行にともなう財政窮迫を彌縫する手っ取り早い方法として執られたものである。いいかえれば、酒税法は軍国主義的明治絶対国家の象徴的法律なのだ。由来、国は一度手に入れた財源をなかなか手放そうとしない。戦前には国税収中三分の一を占めた酒税収がいまや五%しかないのに、かつまた軍事国家でもないのに、依然として存続していることは、いかにも奇妙至極といわねばならぬ。

三、酒税法と憲法の人権保障

(一) 酒税法と財産権の侵害

いまさらいうまでもなく、現在の日本の政治経済体制は自由主義であり、資本主義である。いいかえれば、各人は自分がもつ財産をどのように使用しようと、またその利用によって損をしようとたのしもうと自由であって、他人に迷惑を及ぼさないかぎり、又は経済的弱者の生活をおびやかさないかぎり、国法をもって禁圧することは許されない。憲法二九条一項が、「財産権は、これを侵してはならない」とするのは、そういう意味である。ところが、酒税法をみるとそうではない。

酒税法七条一項は、「酒類を製造しようとする者は、政令で定める手続により、製造しようとする酒類の種類別（品目のある種類については品目別）に、製造場ごとに、その製造場の所在地の所轄税務署長の免許を受けなければならない」と定める。そして許可なしに酒造した者については、「五年以下の懲役又は五十万円以下の罰金」（五四条）を科する。

このような酒造の許可制は、財産処分の自由を奪うものであって、憲法二九条に反するといわなくてはならない。自分の作った米、自分の有する米を、炊いて食おうが、菓子にしようが、餅にするも、酒にするも、国は干渉できないはずである。

酒税法一六条は、「酒類製造者……は、その酒類……の製造場……を移転しようとするときは、政令で定める手続により、移転先の所轄税務署長の許可を受けなければならない」と定める。この規定は、財産処分の自由（憲法二九条一項）ばかりでなく、移転の自由（「何人も、公共の福祉に反しない限り、居住、移転及び職業選択の自由を有する」――憲法二二条一項）にも違反するだろう。

酒税法四五条は、「何人も、……免許を受けない者の製造した酒類……を所持し、譲り渡し、又は譲り受けてはならない」として、いわゆる所持犯を定め、「一年以下の懲役または二十万円以下の罰金に処する」（同五六条五号）。さきにかいたように、酒造許可制が違憲であれば、当然この規定も違憲となる。また、一歩ゆずって許可制をみとめるとしても、この所持犯の規定は許可をうけた酒かどうか事情をしらないで所持している場合でも罰するのであるから、いよいよもって不当、違憲といわなくてはならない。刑法の阿片《アヘン》禁止規定のなかの、「阿片煙吸食ノ器具ヲ所持シタル者」まで罰する規定（一四〇条）は憲法二九条一項に抵触するとの説があるが、ましてや酒税法の本条のごときはうたがいなく違憲といえるだろう。

はじめにかいたように、酒造者はただそれだけで、つまり、製品の販売によって利益を得たわけでもないのに、「酒税を収める義務がある」（酒税法六条）のである。

販売者が売上に応じて税を払うのならばともかく、製造したことだけで課税するというのは、理不尽というほかはない。さきにのべたように、不合理な財産の収奪という点で、憲法二九条の財産不可侵規定に反するというべきである。

そしてこのような不当な課税、徴税のために、国税庁長官は製品たる酒に級別を定め（同法五条）、また同様の目的のために、国税庁長官、国税局長、税務署長は、「酒類製造業者に対し、金額及び期間を指定し、酒税につき担保の提供を命ずることができる」（三一条一項）とする。これらの規定もまた、個人の経済活動に対する、行きすぎた不当な権力干渉であり、これまた憲法二九条に反するといわなくてはならない。

(二) 酒税法と幸福追求権・平等権の侵害（憲法一三、一四条）

酒の原料である米穀を、生産すること（農業）や、これを酒以外に加工すること（菓子製造業）は職業の自由として保障されていながら、酒造にかぎって許可制とするのは、個人の嗜好に対する権力的な干渉または制約であり、憲法が保障する「生命、自由及び幸福追求に対する国民の権利」（一三条）を侵害するものだ。また「すべて国民は、法の下に平等であって、人種、信条、性別、社会的身分又は門地により、政治的、経済的、社会的関係において、差別されない」（一四条）にも反する。

もとより平等権といっても絶対的なものではなく、合理的根拠にもとづいて差別はみとめられる（学界の通説）。たとえば売春業を他の職業と平等に保障することはできない。また、医師、弁護士、判検事には特別な資格が法定されている。その理由はいうまでもなく、この職業を遂行するには特別な知識なり技術なりを要求することにより、安全な国民医療を実現するにある。だが、酒造を許可制とすることについては、どうにも合理的理由をみいだすことはできない。とすれば、これはあきらかに違憲といわなくてはならない。

酒造法の定めによると、「酒類の需給の均衡を維持する」ために、酒造の免許を与えない場合がある（一〇条一一号）とし、また同様の目的から、免許に条件をつける場合がある（一一条一項）とするから、要するに酒造免許制の理由は、酒の需給均衡維持にあるようである。

しかし、そもそも物資の需給のバランスは、「見えざる手によって導かれる」というのがアダム・スミス以来の自由主義的な資本主義の根本原理なのであって、それが既述のように、日本憲法二九条の規定趣旨でもあるのだ。戦時下で米穀をはじめ諸物資調達困難な時代ならともかく、平和時であり、しかも米がありあまっている現在、需給統制の必要はまったくない。

この点についてはさきごろの裁判で、健全な医薬販売を理由に薬局開設を制限している薬事法を、競争の放任が不良品の供給をもたらすというのは合理性を欠き、このような制限は職業の自由に反するから違憲だとした判決（最高裁、昭和五〇年四月三〇日）が参考になろう。また、他方では、公衆衛生の維持を理由とする浴場開設の制限立法たる公衆浴場法や、安全な運転を理由としてタクシー営業を許可制とする道路運送法を、「公共の福祉」のためゆえに合憲とした最高裁判所（前者は三〇年一月二六日、後者は三八年一二月四日）もあるが、これらに対しては、「公共の福祉」に名をかりて、既得権者を保護するためだけの、不当不合理な違憲立法だとして、学界にはきびしい裁判批判があることを忘れてはならない。

また、さらに酒税法は、酒の製造の許可制そのものが、既述のように合憲性が問題であるのに、許可をうけた製造者の相続人は、ただちに相続した旨を所轄の税務署長に申告しなければならない（一九条）とする。すでにのべたようにこの申告が問題であるばかりでなく、このような相続についての特別扱いも、法の下の平等（憲法一四条）に違反するといえるであろう。

㈢ 酒税法とプライバシーの権利の侵害

酒税法によれば、国税庁、国税局又は税務署の当該職員は、酒が製造されたとき、その容器ごとに、その数量、アルコール分及びエキス分を検定する（四一条一項）。そして検定前に酒を移動させることは禁止されている（四二条）。

また、酒の製造者は製造場にある酒が亡失したり、飲めなくなったり、腐敗したときには、税務署長に申告し、その検査を受けなければならない（四九条一項）。さらにおどろくべきことに、税務署職員は、「酒の製造者に対し、所持する酒や副産物、酒造、貯蔵等に関する一切の書類、建築物、器具、原料等の物件について「質問し」、「検査することができる」（五三条）のである。

一体このような、申告、検査はいかなる正当理由をもつものであろう。強い酒を造ろうが、弱い酒を造ろうが、造り手の趣味の問題である。積極的にまずい酒を造る者はおるまいが、まずい酒を造るかうまい酒を造るかも本人の自由である。ただまずい酒は飲み手もなければ買い手もないだろうだけの話である。それにもかかわらず、酒造内容について申告、検査するというのは、さきの財産不可侵規定に反するばかりでなく、人の幸福な生活のための重要な人権たる前述の幸福追求権を侵害するものであり、またプライバシーの権利（「すべて国民は、個人として尊重される」――憲法一三条）に抵触し、さらに、捜査に関しプライバシーの尊重を一つの目的とする憲法的保障である憲法三五条一項の、「何人も、その住居、書類及び所持品について、侵入、捜索及び押収を受けることのない権利は、……正当の理由に基いて発せられ、且つ捜索する場所及び押収する物を明示する令状がなければ、侵されない」にも反する。

(四) 酒税法と言論表現権の侵害

憲法二一条は、「……言論、出版その他一切の表現の自由は、これを保障する（一項）。検閲は、これをしてはならない（二項）」と定める。この規定は、憲法が保障する人権規定のなかでも、民主主義政治の根幹を形成する最重要の価値を有するものといわれる。言論の自由とは、意見の表明の自由であると同時に意見を表明しない自由であり、また自分の持ち物を、国から検査されない保障でもある。

この規定からみても、前節で触れた酒造内容の申告制度や検査制度はプライバシー権の侵害であるばかりでなく、あきらかに憲法違反である。酒税法はそのほかでも、たとえば、酒の製造者は酒の製造、貯蔵等について帳簿に記載することを義務づけられ（四六条）、また製造場の位置、設備、製造の開始や休止、製造見込数量並びに製造方法について、所轄税務署長に申告義務を課されている（四七条）。

これらの規定は、さきに述べた財産権の自由（憲法二九条）に抵触するばかりでなく、二一条の言論表現の自由を侵害すると思われる。

(五) 酒税法と正当手続の保障の無視

憲法三一条は、「何人も法律の定める手続によらなければ、その生命若しくは自由を奪われ、又はその他の刑罰を科せられない」と定める。この規定の趣旨は一見するに罪刑法定主義を定めるものであるが、通説ではさらにひろく解され、刑罰、没収、免職、減俸、強制執行など、あらわる種類の不利益な処分をするには〝正当な理由や手続がなければならない〟ことを定める、とされる。

ところが、すでに述べたように、許可なくして酒造するときは罰せられ、その酒は没収されるのである。許可制そのものが不当である以上、これらの処分は適法性を欠く、違憲の処分といわなくてはならない。

また既述のように、令状なくして行う「検査」もまた、憲法三五条に反するなどこの正当手続の規定を無視し、違憲というべきである。

総じて、右のように、酒税法では、国税庁長官、国税局長、税務署長その他の税務職員に対して、現行法制下で他に類例がないほどの広汎な指揮、監督、許可権限を与えている。現行憲法のもとでは、プライバシー権、言論権等の基本的人権は、「侵すことのできない永久の権利」（一一条）と定められ、またこのような絶対的権利でない財産権でも、かりにその制限を行うには十分に告知、審問の機会が保障されなくてはならないとされる。したがって、このような保障を欠いたり、人権救済の手段なき処分執行（酒税法五四条、五五条、五六条等）は、正当な手続の保障を無視するものであって、違憲といわなくてはならない。かつて最高裁判所は、違法行為のために没収された物のなかにあった第三者の所有物を、その所有者に告知、聴問の機会を与えずに没収できる法律を、正当手続の保障に反し違憲とした（昭和三七年一一月二八日判決）。この判例からみると、酒税法の内容は問題点がすこぶる多い。

四、違憲訴訟が起こらなかった不思議

以上、酒税法の憲法上の疑問点を、思いつくままに、いくつかあげた。大体、酒税法の基本理念は、人権尊重よりも官憲優位にあるようで、すべての憲法的疑義はここに発するとみてよい。たとえば、法律中やたら「取締り」上の必要があれば……といった文言が目につく（例、四一条、五〇条の二）。このような表現感覚は同法における行政官庁の強い権限規定と相対応するものであり、酒税法立法者の憲法感覚、人権感覚をうたがわしめるものである。酒税法は、国家財政が窮乏し、

他方酒造原料たる米穀の絶対量が不足し、かつ人権の憲法的保障が現行憲法とは比較にならないほど微弱だった明治憲法下の戦前、戦中ならいざしらず、今日では、時代状況と憲法規定に合わず、全面的に再検討されなくてはならない。はっきりいえば、このような酒税法が、戦後三〇年、かつていちども違憲訴訟の対象になったことを聞かないのは、私にとってまことに驚きの一語に尽きる。

〔こばやし　たかすけ〕一九二二年東京に生れる。青山学院大学法学部教授、日本学術会議会員、「樽の会」会長。

主著『憲法学の本質―憲法および憲法学の研究』（森北出版、一九五七年）、『基本的人権と公共の福祉』（有斐閣、一九五九年）、『日本の憲法政治』（日本評論社、一九六三年）、『自由に生きる権利』（法律文化社、一九七二年）、『基本的人権論』（文真堂、一九七六年）、『学説判例・憲法』（学陽書房、一九七九年）、『ドイツ憲法史』（学陽書房、一九八〇年）、『憲法における法と政治』（三省堂、一九八〇年）

訳書　イェリネク『一般国家学』（共訳）（学陽書房、一九七四年）、トロイマン『モナルコマキ』（共訳）（学陽書房、一九七六年）

Ⅱ　自立、自醸、自給の思想

真壁　仁

一、宴―家刀自―杜氏

日本の神話では、いちばん早く酒をつくったのは神さまである。天孫ニニギノミコトが人界に天下り、国つ神の美女コノハナサクヤヒメをめとり、ヒコホホデミノミコトを生んだ。そのコノハナサクヤヒメが、狭田《さだ》にみのった米を嚙んで吐き溜めておいたところそれが発酵してうまい甜酒《たでざけ》ができた……ということになっている。これはいかにも弥生時代にはじまる農耕民族の酒造起源説であることを思わせる。

しかしまだ米を作ることをしなかった狩猟民族もむろん酒をつくって飲んでいる。縄文時代にも酒はあったのだ。この場合は木の実の類が原料に用いられたにちがいない。出羽三山の行者の道でもある六十里街道に沿うて白岩という旧い宿場のむらがあるが、そこで「猿壺」という甘い栄養剤の液を、平清水焼の壺に入れて売っている。深山の崖や岩場に生えているという猿梨（さるなし科の落葉蔓性灌木。雌雄異種。五、六月の頃、緑白色五弁花を聚繖花序につける。花後、緑黄でやや球形の漿果を結び、これを食用に供する。和名サルナシ『広辞苑』）の実をとってきてつくっている。だから、作る量も限られている。これは酒ではなく、蜂蜜のようにどろりとして甘い果実液である。

このサルナシは、熊や猿の大好物で、とくに猿はサルナシの実を集めてきては木の股などに貯えた。それが自然に発酵して酒となったのが猿酒とよばれるものであろう。猟師がこれを見つけて飲み、その香り高く豊醇な液体に魅せられてしまう。それ以来、木の実から酒をつくることを人間も覚えた、ということになるわけである。柳田国男は、酒のことをなぜミキといったかについて『物語と語り物』のなかでふれているが、その一つに、昔孝子がおって親に酒を飲ませようと、穀物の初穂を木の股にささげて祈った。日が経つにつれそれが佳い酒になった。木の股は三股であったため三木といった。酒になるのは猿酒ができるのと同じ「沙汰」であろうと、顕昭の『古今集註』にしるされていることを紹介している。

札幌の詩人更科源蔵はその著『コタン生物記I』でサルナシのことにふれ、北海道では一般にコクワといって、秋になると子どもたちが争ってとって食べる木の実だったといっている。そしてアイヌは「これを貯蔵して酒のようにしたということもきいたことがある」という。

アイヌは農耕は得意でなかったが、それでもアワやヒエはかなり古くから入っているらしい。金田一京助採集の『ユーカラ』の中に、雀神酒宴の物語がある。

ハンチキキー
ひと房の稗穂を　わが臼に搗き
稗酒醸《か》みて　六つの行器《シントコ》を横座に立て
ありとある神々を　我請待したり
楽しき酒宴が　打き開け
今しも酒宴半ばを　過ぎんとするとき
橿鳥青年が立って　舞を舞ひ
舞ひながら　酒槽の中を　のぞき見て
ふと立ち出でて　一粒の稗の実を啄みて
入り来り　酒槽へ　それを入れたれば

ひとしほに酒の味が好くなり
神々たちよろこび賞でて
いよいよ楽しき酒宴がひらけたりけり

ところが、それではと烏男《からす》も立って外から何かを持ってきて投げこんだ。それが糞のかたまりだったので大騒ぎとなった。あるじの雀神はあわてふためくさまがこのあと続くのである。アイヌが「六つの」というのは「数多くの」の意味であり、アワやヒエは鎌で刈るのではなく、カラス貝を刃物がわりとして穂を摘みとったと更科はいっている。

ともかく人間（人類）はむかしから、糖分をふくむ液を放置しておくと、空気中の酵母によってアルコール発酵をおこし、自然に酒ができることを発見している。エジプトは紀元前三千年にブドー酒をつくり、それがギリシアへ、ローマへ、フランス、ドイツへとひろがっていったし、ビールはメソポタミア文化の発祥と起原をともにしているといわれる。ミキである酒ははじめ、神にそなえるものであったが、しだいにみんなの欠かせない嗜好の飲料として杯汲み交わす酒盛りのかたちが生れていった。宴《うたげ》というのが本態で、神と同座し相饗する。その意識が宴を構成した。チビチビと飲むのは卑しいこととされたのである。

酒は自分を解放することであり、差別によって秩序がたもたれている日常性を越えさせるものであった。

酒をかもすのは女性の役であり、宴のあるじも家刀自《いえとじ》である。刀自は、もと酒殿の大がめを呼ぶ名だったらしいが、やがて家を統《す》べる力をもつにいたった女性を呼ぶにいたった。酒の仕込み師を杜氏とよぶようになったのは、刀自から来たのではあるまいかと、柳田はどこかで書いている。ともかく酒つくりも酒盛りも家をあげての共同行為だった。女性が酒をつくらなくなってから、男性はふらふらと茶屋や酒場へ足をはこばなければならなくなった。

二、酒造は農行為である

農民が米を作ってそれを加工し酒をつくることは農行為であり、生活の営みである。これは製造した酒を販売することを業とする酒屋さんとは明らかに区別されるべきであろう。このことを政策学としてはじめて明確にしたのは柳田国男である。柳田は明治三十三年七月、東京帝国法科大学政治科を卒業し、農商務省農務局に勤務した。民俗学という反アカデミズムの研究を常民の学としてうちたてた柳田も、若い日は官僚であった。しかしこの時代、大学や内閣文庫に行って自由に本を読み漁り、また講演旅行、調査旅行をすすんで行いながら農山漁村の人々にじかに接し、生活にふれることができたことが、後の民俗学の基礎体験となったのではないかと思われる。柳田は勤めのかたわら早稲田大学に週一回行って「農政学」を講じた。明治三十五年から六年にかけては、専修学校（現専修大学）でやはり週一回、「農業政策学」を講義している。それは講義録にも収めてあるので、ぼくらも全集で読むことができる。その「農業政策学」の中に、

原料加工トイフ点ヲ以テ製造業ヲ農業ヨリ区別スル能ハザルコトは明ナリ　普通ニ酒ノ醸造ハ之ヲ製造業トナシ　畜産ハ言フ迄モナク農業ナリト称セリ　サレド「バクテリヤ」に食物ヲ与ヘテ成長繁殖セシメ　其ノ生活活動ノ結果ニ成リタル酒ヲ収得スルト　牛馬ニ飼料ヲ与ヘテ之ヲ成長繁殖セシメ　其ノ生活ノ結果ナル肉ヤ皮ヤヲ収メ　又植物ニ肥料ヲ与ヘテ其ノ成果ヲ収穫スルト少シモ異ル所アルナシ　三者ハ同ジク生物ナリ……

例ヘバ殖林　養魚　醸造ノ如キハ新ニ之ヲ農行為ノ中ニ加ヘザルベカラズ

このように農家の酒造りを製造業と見なすことの不当を指摘し、酒造りは農行為であると厳然とした口調で断定している。稲作のことを研究し（これは後に安藤広太郎・盛永俊太郎ほかの農学者と座談会形式でまとめた『稲の日本史』などに集約されている）、農業団体、とくに産業組合のありかたを考究し、小作争議の調査にも足をはこんだ柳田が、農業というものを、生産し、自給し、自存する農民の生活営為と見ていたことを示す論考である。

北海道酪農の指導者黒沢酉蔵は、酪農とは、牛乳を生産し販売するものではなく、牛乳を自ら飲み、また牛乳からバターやチーズを加工してそれをまず自分が食べる農のことだといった。これは、柳田の農論の衣鉢をつぐ思想といえよう。

柳田が農家の酒つくりを農行為とみとめる説を、しかも農業政策学としてうちだしたことは、時期的にみても大きな意味があったと思われる。というのは、それまで免許税を納めれば農家の自家醸造は認められていたのだが、明治三十二年一月一日からそれが禁止され、禁を犯して造ったものは密造者として犯罪の烙印を押されることとなった。そして、法が変っても絶えない自家醸造の摘発と検挙が厳重に行われはじめる。柳田が前記の論説を発表したのは、そうした摘発がもっとも盛んになった時期だったのである。

三、『東北六県酒類密造矯正沿革誌』

明治の政府が、国家財源を生み出すために酒に税金をかけることに目をつけ、農民の自家用酒醸造を禁止するにいたった経過をここでたどってみよう。資料は、大正九年仙台税務監督局刊行の『東北六県酒類密造矯正沿革誌』による。

明治政府にとって酒税は総税額のじつに三分の一を占める最大の財源で、それは大正になっても国家財政六億円のうち一億円が酒税であった。地租、所得税、砂糖税、営業税がそれに次いだ。今日大企業がひしめきあっている状況からは考えつかない比率である。

維新政府は明治元年五月、会計官布達で酒造規則五箇条を定め、一時冥加金《みょうがきん》を二十両と決めた。それが手初めである。この場合の冥加金とは、酒造を免許するという利権をあたえた代償に納めさせる寄附金のことだが、実質はていのいい税金と解していいだろう。翌明治二年には、こんどは民政省布達で、酒造株鑑札を発行、冥加金を一年百石ごと十両、濁酒造株鑑札は百石ごとに七両と改めた。この年、各藩に知事を任命したが、そのとき酒に関する取締りの権限を知事にあたえた。それで自家醸造の盛んな東北の知事の中には、濁酒のモトであるタネ麹の製造業者に、清酒造石税の半分を賦課したものもおった。

明治四年になると政府は財源をふやすために太政官布告を出し、それまでの株鑑札を廃して免許制を施いた。清酒はもちろん、濁酒にも免許料を課し、ほかに働き手の頭割りで免許税を課している。人頭税である。明治八年には酒造営業税という名の布告を出し、免許税を倍加した。十一年九月には布告によって造石数に応じた課税に改め、醸造税と呼ぶことにする。税率は清酒一石につき一円、濁酒一石に三十銭、白酒と味醂は二円、焼酎一円五十銭、銘酒三円となった。

明治十三年、新たに酒造税則を定め、従来酒の種別にわけて徴収した税金を、一酒造場ごとに課税することとし、醸造税を改めて造石税とし税率を倍にした。このとき自家醸造酒の方は、一年一石以内という制限を付し、醸造酒一石につき二円、焼酎のような蒸留酒は三円、再生酒（銘酒、白酒、味醂酒など）は四円と定められた。

明治十五年になると、自家用酒醸造の免許鑑札料を八十銭と改めた。年に八十銭を納めると鑑札をくれ、一石以内は造ることが許されたのである。しかし酒造規則附則というもので、自家用以外の販売を厳重に禁止し、見つかれば罰則にふれることになった。免許鑑札は一戸につき一人しかもらえないが、最盛期といわれる明治二十八年には、東北だけで免許持ちが二八二、八七五人に達した。これは東北の全戸数の一三・七％にあたる数である。

さて明治十九年にさかのぼって見ると、十五年に決められた免許料を納めるものがこの年あたりから次第に減り、無免許で造って飲むものが多くなっていく。取締りと徴発の手はあまり届かなかったので、このあたりから十年ぐらいは、自醸の酒をかなりのびのびと飲んでいた時期だったと思われる。

明治二十七、八年になると、日清戦争のために軍事費がはねあがり、国家財政は逼迫した。いきおい酒造税はふえ、自家用酒の無免許醸造にも容赦なく摘発の手がのびた。そして明治三十二年、いっさいの自家醸造を厳禁するにいたる。その直前の三十一年末、免許料を払って鑑札を持っていた農家は、秋田二八、三〇九人、岩手一〇、八七〇人、宮城六、三〇七人、山形一一、二六二人、青森一、七二四人、福島一四、六一四人、あわせて七三、〇八六人と記されている。明治二十八年の二八二、八七五人に比べれば大変な減りようであるが、必ずしも実際の造り手が減ったわけではなかったと考えられる。

しかし三十二年一月一日、自家醸造禁止令が発効するにおよんで、免許鑑札持が犯則にふれる密造者と見られることとなる。密造酒摘発というドブロク狩りが急速に展開され、片っぱしから罰金刑に処せられた。税と同様、罰金は国家財源にくり入れられるものとなったのである。どのくらいの罰金がとられたか。それは、『沿革史』の忠実な記録によれば、東北六県で、明治三十二年から大正七年まで自家造酒に科せられた罰金の総額は、二七一万〇三八七円となっている。これは貧しい百姓にとって決して少なくはない、どころか血の出るような金である。それでもこの額にとどまっているのは、罰金を納める金がなく、進んで刑務所に行き懲役によって代償しているからである。

「飲んだのはおやじどもだども、つくったのはおらだから、おらを監獄さ入れてけろ」という婆ちゃんたちが多かったそうだから、監獄はときには女の囚人が多かったこともあったという話もある。金は一銭も出さないで「お上の飯を食ってくる」という土根性は決して笑いごとではない抵抗だった。働き手の男たちにかわってじつは臭い飯を食わされる屈辱に耐えしのぶ。その婆ちゃんやおっ母たちの胆っ玉のしぶとさは、ちょっとまねのできないしたたかなものがあったと思う。

自家醸造酒に科する罰金は、一斗未満で三十円以上百二十円以下とし、石数で刻みをつけている。それを換刑処分にするときは、一日一円であった。三十円の罰金をいい渡されれば、三十日間監獄の労役に服すれば出てこられた。三十円という罰金は、米の値段が大正四年になっても十三円くらいだったから、かなり重いものであった。決して百姓がおいそれと納められる額ではなかったのである。そのために監獄志願は、やむをえぬ手段なのであった。監獄の中では、懲役囚が赤い獄衣、労役囚が青い獄衣に別けられたが、服務のきびしい規律は区別がなかった。獄外にも狩り出されて、鉄道敷設工事や道路開鑿の労働などに駆り立てられた。だから、どぶろく造りで換刑処分を受けるのも、じつは働きに出ることに変りはなかったのである。

それでも金がない百姓のことだから監獄志願は絶えない。そこで明治四十一年、政府は刑法を改正し、一日一円相当であった換刑額を、一日三十銭から五十銭と、職業収入の状況によって定めることにした。ともかく物価の上昇とは逆に賃下げになったのだから、それだけ労役に服する拘置期間が長くなった。ねらいは罰金を納めさせることにあるのだから、実刑の方を重くしたのであろう。

しかし、百姓のどぶろくつくりを「密造」と定めた明治三十二年以後、大正時代にかけても、造ることはやめなかったし、懲役志願者も絶えなかった。秋田県の例では、明治四十一年の密造犯則者の数が、八二七人（うち女性五一六人）、大正六年は二、二一二人（うち女性一、〇一一人）という記録があり、盛岡では大正三年から五年まで密造者として囚われた人の数が二四二人（うち女性九四人）であった。もっとも犯則者の数は、実際に醸造した人数や石数と必ずしも比例するものではなく、密造取締りに熱心なところと、そうでないところによるちがいが大きい。秋田県はどこよりも犯則者の摘発が多かったため「どぶろく王国」の名を冠せられているが、摘発する側も他県に比べ忠実かつ熱心だったからではないかと思われる。

『沿革誌』はじつに克明に東北農民濁酒づくりの記録と、明治政府という近代国家が酒を対象にして施いた税制の移り変り、そして税制にもとづくどぶろくの取締り摘発とそれにたいする「隠す」方法の創意工夫の発展、発見された場合の百姓の対処と抵抗の歴史を示してくれている。そこでは、どぶろくづくりは、法と法を犯すものという関係で、国家と貧しい百姓とが対置させられた。

四、自醸はこころの自立の根拠

酒税はいつも軍事費と見合った形で増税されてきた。取締りのよびかけは愛国心の宣揚と密造禁止を結びつける手段とされた。たとえば、大正六年九月、秋田県大曲税務署が管内に配った「酒類密造に就き警告」は、次のような表現になっている。間接税としての酒税は一石につき二十円だから、一杯の盃にすれば三厘か四厘にすぎぬ。それが集って年間一億円余になるのである。目下欧州戦争（第一次世界大戦）でイギリスなどは毎日七千万円、一年にすれば二百六十億円の金を使っている。「我国とても同じこと、一朝東洋に変事ある場合、一年に何十億円の金が要るか分からぬから、一石の税金三十円でも四十円の酒でも平気で之を飲み干す程の、蓄積と奉公心とが無くてはならぬのに、唯今の処一石二十円の酒さえ之を飲み得ず、こそこそと密造する様では、甚だ頼み甲斐なき事だ」というのである。

さらに続けて「我国では二十個師団の兵を備へ置く為には一年に八千万円を要し、六十万頓の海軍を保つには、一年に五千万円を要するから、結局酒税（一億円）と砂糖税（三千二百万円）丈あれば、陸海軍を備へ置いて余りある訳で」「吾人は大いに働いて大いに益し、大いに酒を飲み、大いに砂糖を嘗めて、陸軍も海軍も酒党と餅党で之を強大にして行くことが出来る勘定になっている」という。

だから「密造の弊が止まぬに於ては、税務署は止むを得ず、国の為めに厳重なる取締りをなして之を検挙し、多額の罰金を科する積り」であると「警告」しているのである。

これは大曲の例であるが、大正九年の『酒類密造矯正沿革誌』を刊行した仙台税務監督局は、じつは自醸酒を「農村に於ケル唯一ノ慰安物」であり、「制シ難キ嗜好品」であることを認めている。同書第二章「酒類密造ノ起因」の項では、どぶろくづくりのことを農民の「権利行為タル酒類ノ自醸」ということばで表現している。それにたいしても国の財政が酒税に財源をつよく求めるにいたって「自家用酒ニモ若干課税スルノ止ムナキニ至リ」ついには「醸造ヲ絶対ニ禁止スルコトト」なったのである。しかしそうなっても「農村ニ於ケル唯一ノ慰安物トシテ必需品タルノ観ヲ呈シタル自家用酒」を造るのを根絶することは容易なことではない。

さらに数次の税率上昇によって酒類の値段があがっている。だから「農村経済上、買入酒ノミヲ以テ強飲ノ慣習ヲ満足セシムルコト能ハズ、制シ難キ嗜好品ハ、自醸操作ノ自得、原料米ノ豊富ソノ他諸種ノ情勢ト相俟ッテ遂ニ密造ノ悪習ヲ醸成スルニ至リシナリ」といっている。最後の「密造ノ悪習」のところだけは、前後が逆にされているが、「制シ難キ嗜好品」とみとめていたのである。

人間が酒をつくってきた歴史は古い。酒を自醸することが、権利か悪習かは、歴史に照らしてみれば明らかなことである。

米、麦、粟、稗、芋類など、ゆたかな澱粉をふくむ作物を生産し、それを食べ、かもして飲んできた。神をまつるミキとし、宴のむれの結びつきのきずなとしてきた。生きることは、それらのものを自給することであった。それが村に生きた民衆の生活史であった。生きる権利であり、生存の方法であった。食事としてみれば自然食、飲み物としてみれば純粋飲料である。

村にのこっている古い祭のうち、当屋制を持った祭などはみな、神をまろうど（客人）として民家に招き、当屋の頭人があるじ（主人）となって同座し、ともに飲み、ともに食べることであった。歌い舞う芸能も、神と人とがともにたのしむ心身の高めあいであった。

祭のさいに飲む酒はとくに吟味してつくり、よくできた酒ほど神の嘉《よみ》したまふものとの心意がつよかった。神にささげた酒はかならず返ってきて相饗共宴の座で飲まれるのだが、それをうやまってミキと称したのではなかろうか。

宴に供えられるご馳走もすべて畑や山野からとれる野菜や山菜や果実で賄《まかな》われた。だから、戦中物資が欠乏し、酒などが配給になったときも、古い村祭は何の支障もなく続けることが出来た。酒の自醸は、明治三十二年の禁則が出たあとも神酒にかぎって公認されるということが戦後までつづいた。

菓子というのは昔は栗、胡桃、柿のような甘味をもった果物のことであった。村祭のご馳走に、七味の菓子などといって、そうした果実を膳にすえる慣わしの残っている祭が今もある。そういう古い祭は、農作の豊穣を予祝したり感謝する意味が基底にあるから、農民の農耕生活行為の一環であり、節目でもある。法は、そこからも酒の自醸をうばった。酒比べをたのしんでいた長老たちは、祭の意味がこわされてしまったことをかんじて悲しみ、うらんでいる。

自給のための生産と労働が、こころの自立の根拠である。しかし、むかしのような家も今はなくなった。ほんとうの意味の村もない。むれをつくった人間のきずなは断ち切られた。酒だけではない。生活や農耕のために自分でつくったものは、すべて工場で生産する商品にとって代られた。俵も叺も縄も、蓑も草鞋も作らなくなった。それらくらしの用具や梱包の資材の生産者であった農民も、今は買い手にまわされた。一次生産の物資はすべて加工されて食卓にのせられ、石油化学コンビナートの製品が生産資材の自給を奪った。

われわれの家刀自である母ちゃんたちは、味噌つくりも忘れ、甘酒やどぶろくつくりもできなくなった。米は余っているといわれ、減反転作の方策にエサ米つくりなどと叫ばれているのを聞くと、古い農民であるぼくなどは胸がむかむかする。インドやアフリカの飢餓民衆に接してきたときのことを思うと、エサ米などということばを屈辱感なしに聞くことができない。

どぶろくを作るのが公認されないのもふしぎだけれど、どぶろくをつくることは農の全生活行為の復権でなければならない。切りはなしては考えられない。うばわれた生産の自由の恢復と一体のものでなければ、自立の根拠はもどって来ないのではないか。

醸造は農行為であるといった柳田国男の農論を学びなおそう。自醸を権利として確立していくためには、凶作と飢餓と極貧と圧制にたたかった生きた農の歴史をふりかえり、そこから酒の自醸をふくめた農の再生のエネルギーをとりもどす必要があると思う。


〔まかべ　じん〕一九〇七年山形市に生れる。家業の農を継ぎ、稲作と養蚕を営む。

食糧検査員、農業会理事、農業委員会長、公選教育委員などを経て、現在山形県国民教育研究所長。

詩集『街の百姓』（北緯五十度社）、『青猪の歌』（青磁社）、『日本の湿った風土について』（昭森社）ほか。

著書『黒川能』（日本放送出版協会）、『人間茂吉』（三省堂）、『紅と藍』（平凡社）、『野の教育論』（民衆社）、『詩の中にめざめる日本』（編、岩波新書）ほか。

Ⅲ　清酒ばなれの防止はどぶろくの解禁で

農文協編集部

一、添加物七割の酒が三分の一を占める

われわれどぶろく党から言わせれば、今の市販清酒は清酒ではない、合成酒である。合成酒というのは、醸造アルコールのかわりに化学的につくったアルコールを用い、ブドウ糖、コハク酸、香料、色つけ剤などを添加してつくられる。敗戦後の物資不足の折、清酒の代用としてつくられはじめ、値段の安さとあいまって生産量はふえた。しかしそれも、昭和二十八年をピークにその代用性、贋物性が嫌われ以後は減産傾向をたどり、現在は細々と生産が続けられているのが実情。

だがそれに反比例して清酒の合成酒化がすすみ、現在は清酒と銘うっていても合成酒と変わらな

い酒がほとんどである。それというのも、合成酒に醸造酒を九%ほど入れてもよいことになって、合成酒の格上げ（?）が行なわれたのに対し、清酒の方の醸造アルコールの量はどんどん減っているからである。だから、現在飲まれている酒は、大部分が合成酒であるといってまちがいではない。

上の図を見ていただきたい。これは酒どころ秋田県のある酒屋を見学したときいただいたパンフレットに載っている酒つくりの工程である。これが常識なのでいまさら驚くにはあたらないが、これをもって清酒と名のるのはおこがましいというものだろう。つまり、アルコール、グルコース、水飴、味の素、コハク酸、乳酸などが添加され、三倍にも増や

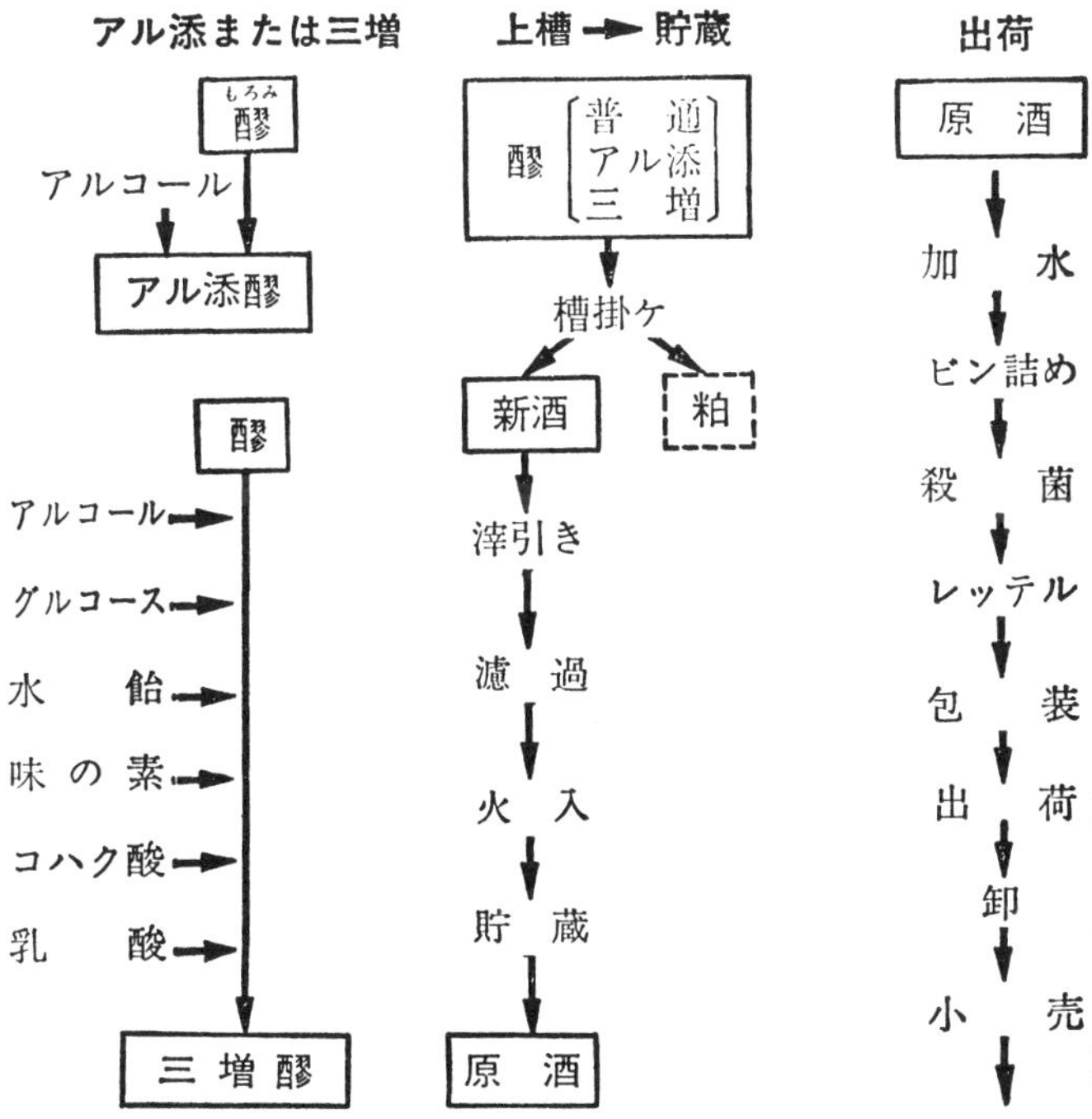

現在の酒造工程

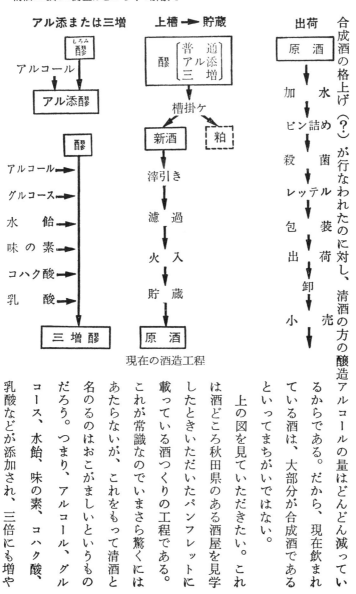

されているのである（三倍増醸清酒といっている）。これはれっきとした合成酒である。

国税庁によると、昔通りのつくり方をする「純米酒」は、全体のわずか一・二％しかない。清酒といえるものを私たちはほとんど飲むことができないのである。その他インチキ清酒の割合は、アルコールを三割添加したものが全生産量の六六・二パーセント。アルコールを添加した分、水を入れるわけだから文字通り「水っぽい酒」を飲ませられているわけである。それを「普通酒」といっているのだから、清酒も堕落したものだ。次に「三倍増醸清酒」が三二・六％。七割近くも水で割った酒が三分の一も出回っている。私たちが外で「ちょっと一杯」と飲む外食産業に回る酒はほとんどこの酒であろう。

そのほか、清酒にはさまざまの薬品が添加されていることを六四ページ以降で里見宏氏が報告しておられる。百薬の長といわれた酒が命を縮めるものにまで堕落したということだ。

二、造り酒屋が生き残る道

いま清酒業界は、清酒ばなれに頭を痛めているという。民衆が清酒の堕落に無言の抗議をしているということだろう。とにかく、いまの酒はなっていない。筆者は酒の味について自信があるわけではないが（これも不純な清酒を飲まされつづけたために舌が鈍化したためである）、ある天ぷら屋で飲んだ酒は本物であった。近ごろ天ぷらをビールやウイスキーの水割り（ウイスキーはストレートで飲むために味を整えているはずなのに、水割りで飲むというのも不思議な話だ）を飲みながら食べる人が多いというが、それというのも酒が本来の酒でなくなり、甘いベタベタした人工的な味の酒がふえたからにちがいない。この店の酒は、舌にサラリとした感じで、甘ったるさはない。飲みつづけてもそのサラリとした感じは消えずに、舌も天ぷらの味に敏感でありつづけた。

聞けば、添加物など一切つかわない本物の清酒だそうである。他の造り酒屋がこれをやれぬはずがない。地酒という言葉があるくらい酒は地場で消費されてきた。それを復活させればよいのである。それもなるべく早期に。危機は目前に迫っている。

たとえば、「朝日新聞」(56・1・17）によると、清酒に添加される醸造用アルコールはトウキビのしぼりかす「廃糖蜜」からつくられるが、そのほとんどが東南アジアやブラジルから輸入され、五十四年度の平均価格は一トン三万一六〇〇円（五十三年度は一万九〇〇〇円）で、コメの約三〇万円に比べて、十分の一だという。ところが今年になってさらに一万円以上も値上がりして四万二四〇〇円にもなったというのだ。このショックで造り酒屋の倒産・廃業の多発が心配されている。ちなみに、五十四年の倒産・廃業五八社、五十五年七九社（全国約三〇〇〇軒のうち）というのだから深刻だ。

このような事態を打開するには、体質を強化しなければならないが、その第一は、醸造用アルコールの購入・添加をやめることではなかろうか。添加物一切なしで清酒全体の品質を上げ、清酒愛好者をふやすことである。これまで約三〇分の一の値段という輸入アルコールに依存して、酒つくりの本質を離れると同時に安易な経営に走った反動は当然くるだろうが、それ以外に方策はないだろう。ある試算によると、添加アルコールの分を本来的に米だけでつくると、一年分で四〇万トンほど必要であるという。米が余っているといわれる現在（いつまでも余ってはいまいが）は、体質改善のチャンスであろう。

第二は、それぞれの造り酒屋が地場に密着して、地場の需要をガッチリつかみ、ふやしていくことである。清酒業界は、全メーカー約三〇〇〇軒の九九・六％が中小企業で、全国に散在しているというから、地場を中心にした需要の拡大にはうってつけで、その努力をしてこなかったというのが不思議なくらいだ。ある地方で造り酒屋と同じ部落の酒小売店に、その造り酒屋の銘柄が置いてなく、全国各地の有名（？）銘柄だけが置いてあったが、このような喜劇的な場面は早くなくしたいものだ。純米酒をつくり、地元の人にまずその品質のよさ、その土地に合った味のよさを知ってもらう。いまや、宣伝ばかりしている大手酒造メーカーの酒は、原酒を他から買い入れたものであったり、ラベル料をとって、ある酒屋の酒全部をその有名銘柄として売らせたり、という仕組みであることは誰も知っていることだから、地場消費の伸びる背景は大ありなのだ。

昔から「身土不二」という。その土地でできるものは、その土地で食べたり飲んだりするのが本来であり、それがいちばんうまいということだ。地酒のうまさなどは、その典型だろう。

第三に、酒造りを独占せず地域一体となって酒を造り、清酒需要の底上げをはかる。つまり消費者がどぶろくをつくれるように法律改正の援助をすることだ。諸外国ではほとんどがそうで、企業的な造り酒屋の酒と一般家庭の酒とが共存している。それだけ酒を飲む人の底辺が広がり、酒を日常的に飲むようになるわけだ。そうなれば乾杯用の酒だって清酒になるだろう。

現在政府は、米が余った（正確にはアメリカの過剰農産物と日本の製粉資本との利害の一致による小麦輸入の増大が米を余らした。くわしくは、『日本民族の自立と食生活』農文協刊参照）といって減反政策をおしすすめ、五十六年度で四二七五億円の予算を計上している。こんなむだなことをせずに地域住民も自由に酒をつくれるようにし、酒造業界へも純米酒をつくるための援助をしたりすれば、余り米（五〇〇万トンといわれる）などすぐに解消し、今の酒とは比較にならぬほどうまくなり、清酒は日本国内に今までにまして根をはり、外国へも輸出されるようになるだろう。

輸入アルコールは高くなることはあっても、今後安くなることはない。その不安定な要素をキッパリと断ち切り、今こそ、地酒としての本当の味をとりもどして、経営の自立をはかり、地元の清酒愛好者と共存していく時である。

清酒への薬品添加の実態

薬を監視する国民運動の会
里見　宏

■水まで薬品処理

清酒の八〇パーセントは水です。この水の質は、酒造りに大切なものです。有名なのは灘の宮水と呼ばれる水です。この宮水で作った酒は大変質がよいのですが、その理由の一つにリンやカリウムが多いことがあげられています。そこで、宮水のような質のよい水が出ないところでは、水を処理することになります。醸造用に適さない水は塩素処理、凝集沈澱処理、気曝処理、イオン交換樹脂などを使った吸着処理をします。薬品のカリウムやリン酸を添加することもあります。

■腐食性毒物の乳酸添加

発酵中に雑菌が入るのを防ぐのに、清酒では乳酸が重要な働きをしています。本来の清酒は、この乳酸を出す乳酸菌と麹と酵母のおりなす不思議な働きで、本物の日本酒が作られていたのです。ところが、現在では多くの清酒が、この乳酸を化学合成の乳酸で代替しています。

ある専門家は、添加乳酸と発酵によって作られる乳酸とでは、酒の味にハッキリちがいがでてくるとしています。乳酸は、私たちのからだの中にもありますが、速醸酒母の仕込み水に一斗当たり一二〇〜一三〇ミリリットルも使います。この乳酸は、もともと腐食性毒物であり、『食品添加物公定書解説書』（広川書店）によれば、ミルクに乳酸をまぜて未熟児に飲ませて中毒死した例の所見では、急性出血性ならびに壊疽《えそ》性胃炎、小腸結腸炎および腎炎が観察されたとのことです。

■発ガン物質の硝酸塩

酒には、硝酸カリウムという添加剤が入っています。酒母一リットルにつき〇・一グラムが添加されます。早湧き防止剤という名目です。この硝酸は、微生物によって簡単に亜硝酸に変化します。この亜硝酸は、染色体傷害を起こすだけでなく、第二級アミンといっしょになると、ジメチルニトロソアミンなどと呼ばれる強力な発ガン物質を作ります。最近、イギリスでこのジメチルニトロソアミンをジャムに入れ、自分の奥さんを殺した事件がありましたから、ご記憶の方も多いと思います。こうした危険な亜硝酸が醸造の過程で八ppm以上もできていますからこの物質の行くえが問題になります。

■うま味をつける薬品多数

清酒の主要なうま味の成分にコハク酸があります。このコハク酸を〇・〇八〜〇・〇九％ほど添加して、質の低下を消費者にわからないようにしているのです。ポリリン酸塩も添加します。目的は白ぼけの調整、こくの増加、風味の向上、添加アルコールの刺激緩和などです。

酒母の発酵助成剤ということでリン酸一アンモニウム、リン酸二アンモニウムが使われます。リン酸一カリウム、リン酸二カリウムは、カリウムの強化剤として添加されています。こうしてみると、清酒に入るリン酸塩は、思っていたより多いことになります。

調味料として、グルタミン酸ナトリウム（味の素）やアラニンなどが添加されます。アラニンは、コハク酸やクエン酸などの有機酸の酸味をやわらげて感じさせるのです。清酒のうま味まで添加剤で作るのですからたまったものではありません。

■酒粕の褐変防止に漂白剤

こうして発酵させてきた醪《もろみ》を、液部と固型部にわけるわけですが、麹の種類によっては褐変のひどいものがあり、このために酒粕が褐色や黒っぽくなることがあります。このときには、酒粕にメタ重亜硫酸カリウムを一キロリットル当り二〇グラム前後添加します。還元作用を使った漂白剤です。

■清酒にまで放射線照射

醪をしぼった清酒は、まだにごっているのでこれを滓引《おりび》き、濾過、活性炭処理、滓下げ処理といった工程で清澄な酒に仕上げます。ここでは濾過助剤としてケイソウ土やセルロース繊維などを使ったり、アルギン酸ナトリウムが使われます。このアルギン酸ナトリウムではちょっとした事件があります。

日本原子力文化振興財団が出している資料（昭和五十年十二月二十七日付、第五十一号）に「酒造りに放射線をつかう……短時間でおり下げができる」というのが出ました（以下抜粋）。「……これまでのおり下げ剤としてつかわれていたのは、小麦粉、卵白、種実より精製抽出したグルテン、海藻から抽出したアルギン酸ソーダ（中略）これを柿渋といっしょに加えてやると酒類中に含まれているにごりのタネを包みこみ、澄んだ清酒ができます。しかし、自然のままでは非常に時間がかかるので補助剤として、けいそう土、活性炭素などを使い、沈降を早めるのが常法です。ところが市販の清澄剤では二十二時間から長いものでは何日もかかり、ふつうは四十八時間ぐらいとされていました。放射線を照射した清澄剤をつかうと、これが八時間から二十四時間に短縮できるばかりでなく、酒類の品質管理のうえでも大変有効であることが明らかにされています。(後略)」

この資料を見てビックリ。照射食品の技術が、お酒にまで使われては大変だというので、これをきっかけに「照射食品を一切許さない会」が結成されたのでした。

■やっと禁止されたサリチル酸

こうしてできた清酒(?)に火入れと称する作業を経て、ビン詰めやタル詰めがされます。この火入れは、清酒の変敗を防ぐ目的で熱をかけてやります。しかし、火落菌というのが変敗を起こすので、サリチル酸という保存料が昭和五十年七月まで食品添加物として許可されていました。このサリチル酸は毒性が強く(腐食性が強く、摂取すると嘔吐、下痢、腹痛、中枢神経麻痺、ケイレン、呼吸困難、虚脱、遂には死亡する)、行政指導で使わないようにされてきていたもので、業者が必要なくなったので禁止になりました。

このように、比較的問題が少ないと考えられていた清酒でさえ、加工食品特有の薬品漬けになってしまっています。

Ⅳ　世界中で流行しだした酒づくり

津村　喬

＊自家醸造が違法なのは日本だけ

パリから郊外電車に乗って四〇分ほど北へ行った小さな町に、その私の友人は住んでいた。日本人の夫婦だが、もうこちらに来て長い。今度は日程的にも会えそうにないかと思いつつ電話してみたのだが、「あーらひさしぶり、どうしたの」という奥さんの明るい声にまず会いたくなり、「どうせ旅してて台所使えなくてイライラしてるんでしょ。好きに使ってちょうだい。お料理してくれるんなら材料何でも用意するよ」という誘いにもう抵抗できなくて、仕事の取材をキャンセルして行くことにしてしまった。私の精神衛生法の主なひとつが料理で、しばらく台所に立てずにホテルやレストランのめしを食っていると、一種の禁断症状になる。外国で知りあった友人たちはそれをよく知っていて、なにかと機会があれば「料理に来る?」とさそってくれる。

まだスーパーの開いている時間だった。相当の大型店舗で、前に写真をとろうとしてカメラをとりあげられかけたことがあった。肉食民族なので、牛豚羊などの内臓はじめ全身の部位が実によく揃えてあり、安い。この前教わったばかりの鶏のマスタード煮でもやろうと、丸鶏を買い、モツとベーコンも買い調味料と生クリームを揃える。魚は専門店があるので、ムール貝と子を抱いた小エビとを買う。

鶏を仕掛けてからカシャカシャとマヨネーズをつくり、白菜を上品にしたようなアンディーブをサラダにする。小エビは塩ゆで、ムール貝はバタとにんにくで蒸し――というような献立。

そこへ主人が帰って来て、開口一番、「おお、津村君か。あなたはワインのわかる人?」と来た。「わかる」といえば目かくしをしてきき酒でもさせられそうだし、「わからない」というと恐らくはおいしい機会をのがすことになるので、口ごもってしまう。「勉強中です」くらいしかない。

「実はね」といって持ってきたのが、とすらすら書けるといいのだが、もう覚えてもいない、何とやらの何年もののプルミエ・クリュ(公式等級の第一級)とかで、要するに銘品らしい白ワインだ。氷バケツに突っこんでひとしきり講釈するうちに奥さんが出てきた。

「あら、それ開けるの。アレも飲ませてみたいじゃない」

「アレか。アレもうまい」とわかりにくい夫婦の対話をして、台所の奥の食品貯蔵スペースの暗いところから、びんを出してくる。まぎれもない白ワインのようだが、貼ってあるラベルは手書きで、「一九七八」とあと二行ほどメモという感じで書いてある。

「ひょっとして、自家醸造?」ときくと、事もなげに二人はうなずく。「ぼくもぶどうジュースをしばらく置いといてワインらしきものにして飲んだことあるけど、こんな本格的にやったことはないなあ。何本も作ったんですか」

「今三〇本くらい残ってるかな。去年のが割に出来がよくて、もうあんまりない」

「ぼくも本当は自分の飲む酒くらい自分で作りたいんです。酒に税金をかけるのは不満ではあってもわからないことはないけれど、自分で作るのを禁ずるというのは、本当に国家悪そのものだなあ。このまえ『どぶろくと抵抗』って本読んだんだけど、フランスでも農民たちの抵抗と酒づくりは結びついているんですか」

主人はちょっと呆れたという顔をして、コルク抜きをとりに立ち、戻ってきて言った。

「あのね、日本だけなんですよ。自家醸造が違法なのは」

「えっ、えっ、本当なんですか。まさか。世界中でみんな酒づくりは自由で、日本人だけダメなんですか」

「規則はありますよ。スピリッツはダメなんです。ワインやビールも、作ったものを売るには許可がいる。こういうふうに客に自慢したりするのはいっこうにかまわない。日本以外にも醸造も禁じている国もあるだろうけど、ぼくの知る限りヨーロッパはみんな自由ですね、北米も当然そうです」

「知らなかった。酒税はどこにでもあるから、どこもいけないのかと思ってました」

「じゃこれ両方開けてみましょう。飲みくらべてみて下さい」とうれしいことになって、食卓にまず小えびとアンディーブが並ぶ。かすかに黄味がかった白ワインのグラスが二つ出てくる。「どっちが手づくりかわかりますか?」

ここで区別がつかなかったりするとお話になるのだが、さすがにすぐにわかった。いかにもキメの粗い、葡萄の原型を感じさせる造りで、錦織りなすようなプルミエ・クリュとは比べものにならない。しかし、それも日本で千円前後で買えるワインよりはずっとうまい。私がかつてやってみた、グレープジュースがちょっと大人びた程度のものよりだいぶいい。

*クリエイティヴなホビイ

正直に感想を言うと主人は、「そりゃそうだな、こいつとは比べられない」とプルミエ・クリュをなでさすりそうにする。「でも自家醸造もずいぶん水準があがっている。去年アメリカでホームメイドワインのコンテストがあって、市販の最上品もまぜてテストしたけど、上位は全部パーソナル・ワインが占めたんだ。もっともアメリカのワインじゃ上等といってもタカが知れてるけどね」

それにしても、うらやましい。

「いつからはじめたんですか」

ムール貝をしゃぶりながら、奥さんがひきとって答える。

「二年前だったかしら。あなたがこの前来た時は、まだ飲ませられるようなのがなかったの。イギリスをまわってこっちへ寄って日本の青年がね、こんな本を置いてってくれたのがキッカケ」

ダイニングの食棚から抜きとったのが、"Home Wine Making & Brewing" という、正方形に近い堅表紙の、表に白ワインと葡萄、裏表紙に泡立つ黒ビールの写真のおいしそうな本。パラパラとめくってみると、「なぜワインをつくるのか」という節があり、「もちろん買うより安いことがある。何ペンスかでできるものが買えば十〜十五倍かかってしまう。しかしそれだけが理由ではない。それはクリエイティヴなホビイだ。仕事の中では誰もが全体の中の一部分でしかないが、ワインづくりではスタートからフィニッシュまで、なにかを全体として一貫してつくりたいというあなたの欲望を満足させることができる」といったことが書いてある。道具のカタログがあり、製法のカラー写真での詳しい説明があり、同じ手間で各種のリキュールをつくる時のレシピがずらりと並んでいる。

「これはいい本だなあ。あの、ブリューイングてなんですか」

「ビールづくりでしょ」

「ま、そうでしょうね、写真から見ると。ビールの方はやってみました?」

「どうもね、むつかしそうなのよ。なれればワインより簡単そうな気もするけど」

「そうでしょうね。ビールの方が品質が一定してるし」

「その本見てヘエと思ってね、そしたらたまたま、ほらあなたがさっき行ったスーパーにね、ワイン作りのビギナーのキットがあったわけ。びんとかコルクとかラベルとか、上ずみをとるためのガラス管とか、ダンボールひとつに入ってるのよね。あとは葡萄の安い時は葡萄から、ないときはジュースを買ってきて、やればいいわけ」

「うらやましいというか、ドブロクみたいに秘事《ひめごと》にならないでつまらないというか……」

「始めてから、このマンションの友達にきいてみても結構作ってる人がいるんでびっくりしたわ」

「そうだ」と主人が口を出した。「ミシェルが帰ってたら、よんでみようか」立って電話をしにいく。奥さんより腰が軽い。

「日本から酒好きが来てるっていったら、すぐ一本持って来るって。時々交換して自慢しあう一人なんですよ。むこうの方が年季が入ってるから、これよりうまいと思う」

すでに二本、ほとんどない。ミシェルは食事はすんだようだからと、鶏の辛子煮を切りわけ、ピラフにのせて食べはじめる。

*アルザス・ワインの歴史

十分ほどして彼は来た。小柄で彫りの深い顔をし、黄色いジャンパーを着て両脇に赤と白と一本ずつ抱えている。テーブルにびんを置いて、せわしく握手をしてから、ジャンパーの胸をあけて新聞包みをとりだし、ひろげる。「ちょうど田舎からハムを送って来たんで少し持ってきた」という。半生の、大きなモモからナタでザックリ切りとったような塊で、空気にふれていた面には粒々のペパーがまぶしてある。

「田舎ってどこですか」

「アルザスです。子供のころはミハイルだった。ドイツ読みでね」

ご主人の通訳つきである。念のため。

白はデザート・ワイン風にやや甘くつくってあるというので、鶏と生ハムには赤を飲むことにした。口に含んでみると、これはうまい。渋みがじつに重厚で、しかも伸びがいい。質のいい赤ワインには、香りが鎖骨にひろがる感じのものと後頭部に抜けるタイプとがあるが、これは鎖骨タイプ。「すごいな、本当ですか、手作りって。んー、ボージョレ・タイプっていうか」と自分でもよくわからないお世辞を言う。

「まぐれに近いんです」とミシェルはにこにこする。「毎年くりかえしてても、栓開けるまでわからんでしょ。むつかしいです。これは出来がいいのにあたった」

「十分ひざまずくに価するバーガンディーですよ」

——いいバーガンディーに会ったら帽子をとってひざまずき、礼拝して飲むべしという大デュマのせりふをフランス人は好んで思い出す。

「こういうワインは最近になって作りはじめたんです。アルザスのワインは、いわゆるライン・ワインですから、ほとんど白ですし、もっと軽いです」

「うす緑の長いびんに入ったアルザス・ワインを飲んだことがあります。モーゼルに似たリースリングの甘口だった記憶がある」

「そうですそうです。こっちの白はそのタイプですよ」

話とのからみもあって早々に赤を干してしまい、ブリーやエメンタールなどとりあわせたチーズ・ボードが出て、四本目の白を開けることになる。なるほどモーゼルににていて、マスカットをしゃぶりながらワインを飲むような感じだ。ミシェルは熱心に話しだした。

「昔はライン・ワインといえばまずアルザスだったんです。支流のモーゼル川のもいいし、ミッテルラインのも悪くないが、上流のアルザスのが銘品だった。ご存知でしょうが、アルザスは一八七一年から一九一八年まで、ドイツ領だった。そして奇妙なことにドイツは、アルザス・ワインがうますぎるので、将来フランスに返すことになった時にモーゼルの地位を奪われてしまうと考え、わざわざ質の悪いブドウを移植したり、アルザス・ワインというラベルを認めなかったり、いろいろなハンデをうけたのです。フランス領になってからワインの復興運動がおこって、ようやく三〇年代になってアルザス・ワインは市場に登場し、名声を得たのです。ところが一九四〇年から五年年、またドイツ領で、ドイツ軍は質の悪いワインを沢山作らせてライン・ワインの下請けのようにしてしまった。だから戦後またゼロからはじめねばなりませんでした。いったん破壊された酒の文化を再建するには、二世代、三世代とかかります。だから、モーゼルに似ているといわれると、半分嬉しくて、半分悲しいのです」

いささか身のちぢむ想いだった。歴史を知ると同じワインも味わいが違う。

「自家醸造がさかんなのですか」

「そういう歴史があっただけに、出荷するワインはともかく、自分で飲むものは昔ながらの味をまもろうとしました。ブドウ園を持っている者はもちろん自分で作ったし、村のみんなも作業を手伝ってブドウをもらって帰り、自分の家で熟成させました。あるいは協同組合の圧搾場へ運んでしぼってもらいます。私の父は違いますが、伯父がワイン作りをしていました。手風琴を弾いて歌いながらブドウ摘みをするのは、とても楽しかった。伯父は業者ではないが、スピリッツもつくれたので、ジンを作ったり、できの悪いワインからブランデーを作ったり、今でもしています」

「えっ、醸造酒はいいけど、蒸留酒はいけないって聞いてましたけど」

「アルザスだけは歴史的事情から認められているのです。もっとも誰でもいいわけでなく、一種の免許制があります。最近はもう許可してないので、伯父は素人でスピリッツを作れる最後の世代の一人になるでしょう」

「わあ残念ですね。でもそう聞くとアルザスへ行ってみたくなるな」

「ぜひいらっしゃい。フランスといってもさまざまな文化があるんです」

惜しみながらアルザス・ワインの最後の一滴を注ぎわけた時に、ピンポンと玄関に人の気配。

「あら忘れてたわ、トムが来るっていってたんだ。鶏とっといたげりゃよかった。いらっしゃい。あらいっしょなの」

＊手づくりワインのコンサルタント業

トムといっても日本人で、苗字の略称である。一緒に来たのはマリというポルトガルの女の子で、もっと複雑な名前なんだけどよく発音できないから、初恋の子と同じマリという名前にしたんだとトムはみんなを笑わせた。彼は観光旅行に来てなんとなく居ついてしまい、コネでアルバイトをできるようになって、気ままに美術館や映画館がよいをしている。

「彼女をはじめて連れてくるから、ポルトを買ってきたよ」——ろうそくに透かして見つめてみたいようなルビー・ポートだ。しかしまだポルトは早い気がするので、もう一本この家のワイナリーの、今度は赤を開ける。私はエビと生ハムの残りを手早く盛り合わせてきて、豚の白もつにミントやセージ、カイエンをたっぷり入れてバタ炒めして出す。ワインを味わうにはスパイシーにしすぎたかもしれない。

今度の赤もなかなかのものだった。かすかに舌にいがらっぽさが残るが、それを補って余りあるコクがある。手作りワインの品評会をしながらの長時間の食事というような楽しみはむろんはじめてのことだった。

「何の話してたの。ワインのこと。そういえば」とトムはニューヨークにいたころ、どこのデパートでもスーパーでもワイン・キットを売っていて、また酒屋が手づくりワインのコンサルタント業の方でむしろ収入を得ているのを見てびっくりした話をはじめた。あのグレープ・ジュースの「ウェルチ」も、ワインカントリーというホーム・メイド・キットを売り出したし、シアーズ・ローバックまでやっているという。イギリスのグレイ・オウル・ラボラトリーがこの業界では最高で、アメリカでもフランスでも手に入るそうだ。日本の酒税法は馬鹿気ている、許せない、というところでは日本人がみんな一致して乾杯した。

「フランスでもそうかな。アメリカでは作っていいのはワイン、ビール、それからサケね。サケはわからないから誰も作ってないが、米のメシもだんだん流行ってきたから、〃ドブロック・キット〃でも売り出せば大当りする気もするな」

トムとマリとは片言の英語とポルトガル語でコミュニケーションしていて、それにフランス語と日本語がまじって、大変だ。だがみんなそういう錯綜した会話に慣れている。ミシェルも「サケは苦手ですが、好きなのもあります。いつかの白い発泡ワイン」「ひょっとして濁り酒?」「そうだ、日本から来たTが持って来たやつ」——ひとしきりドブロクの話になる。

＊ポルトで産湯をつかう

トムがあらためて彼女を紹介する。「オポルトの生まれなんですよ」「じゃ、文字通りポルトで産湯をつかったの」「あれはね、マディラ島です」とマリが訂正する。「マディラ酒のためにしぼったブドウ汁を子供のからだにかけると丈夫になるって、よく洗った子供を樽に入れて洗礼するの」

「ポルト祭りに行ったことありますか」

「三度ほど行ったわ。ドーロ河という河があって、その河口にオポルト市はあるわけ。その上流の方が大ブドウ産地なの。十月の収穫期にはどこの農場もお祭り騒ぎで、三週間くらいドンチャン騒ぎをしながらつらい労働を楽しくしてしまうんです」

「その時は夫婦も別居して自由に恋をするんだろ」とトムが横から口を出す。

「あらそんな淫らなことじゃないわ。一種の求愛ごっこがあるんだけど、結局は夫婦や恋人どうしが、あらためて新鮮な気分で結びつくの」

「それで〝六月っ子〟が多いっていうのかな。君も六月だろ」

「あたしは都会っ子だから関係ないわ」

「でもポルトの酔いでつい、とかさ」とからむのを、主人がとめて「でもポルトはシェリーと同じように、イギリス人が好きでしょ」と口をはさむ。

「そうなんです。イギリス人が曇りの日を気分よくすごすためにポルトやマディラにあんなにもこだわるということがなかったら、こんなふうに発展はしなかった。そうそう、ルビーポートを開けましょう」

主人がなるべくビンを動かさぬようにコルクを抜き、おりが入らぬよう細心の注意を払いながら、デキャンタに移していく。奥さんがテーブルを片づけ、果物とクルミを出す。洗ってきたグラスにていねいに、文字通りルビー色の液が注がれる。ポルトのふくいくたる風味は胃から丹田に落ちてから、のどに帰ってくる。

「それでも」とマリは続ける。「農村に行くと、もともと農民の酒だったことが実感できます。男たちが半ズボンをはいて、ももまでブドウ汁につかりながら樽の中でブドウを踏むんです。太鼓を叩いたり、笛やハモニカを吹いたりしながら四時間も五時間もグルグルまわる。ヴィンテージといって二〇年も四〇年も貯蔵するようになったのはイギリスの上流階級のせいだわ。パパはトーニーが好きだけど、飲みながらよくこう言ってたわ。〝このトーニーのために軽やかにブドウを踏んだ若者も今ごろは腰が曲がって、自分の人生のように熟し切ったポルトをすすっているかもしらんな〟って」

「農民が自分の収穫物を醸して飲んだわけだよね。なぜ国が介入することになるのか」とまたその話になってしまう。

＊〃根源的独占〃からの解放を

「強い酒は農家より錬金術師が生みだしたのかもしれないよ」とトム。「僧侶たちが専門的に研究して、独占してきたこともある。とくにリキュールがそうです」とミシェル。

「そういう秘教的な独占と、今日の独占とは質が違うな」と私は少し理屈をいいたくなる。

「イヴァン・イリッチのね、根源的独占という言葉がある。独占というとたとえばキリンビールを思い出すでしょ。ビール業界でキリンが〃ガリバー的独占〃をしてるとか、去年は生ビールが売れて、生を出してないキリンが落ちこんだとかいうのは、いわゆる独占をめぐる問題だ。イリッチが言うのはね、もし、誰もが家庭でビールを作るのが当然だった状態があって、それを商品としてのビールを買うようになってしまったら、そのことを根源的独占とよぶべきだというんだ」

「すると酒税法による自家醸造の禁止と、酒の商品化、産業化とは不可分のことだというわけだね」と主人が受ける。「そう、本当は国家はあらゆることについて自分でしてはいけない、商品に頼れ、と強請してそれに税金をかけたいわけでしょ」

「それじゃ最近になって〃日曜酒づくり〃が世界的にはやりはじめたのは、生活があまりに商品にゆだねられてしまったことへの反発なのかな」とトム。

「誰が使うかわからないものを生産してカネをもらい、そのカネで誰が作ったかわからないものを買って使う、という工業社会の生産と消費のありようにみんな疑問をもちはじめたんだ。さっきの酒づくりの本にも書いてあったけど、企業の歯車にされた人間が主権をとりもどせるのが酒づくりからだって」

「これは頑張らなきゃいかんな」とみんなでポルトを飲みほす。ポルトが終れば食事は終りだ。「あとはブランデーということになるが」と主人が立って水のようなものが入ったびんを抱えてきた。

「すっぱくなったワインをね、蒸留してみたんです。ぼくは物理だけど化学も縁がなくはないんでね」

「そりゃすばらしいが、なんでまっしろなんです」

「あのね、ブランデーってのはもともと透明で、樽に入れて十年も経つと色がつくんです」

「わ、知らなかった。焼酎みたいで親しみがわくなあ」

酒宴はなかなか終らない。みんなが「化学」をやらなきゃ、とひそかに誓いつつ、夜が更けていく。

〔つむら　たかし〕　一九四八年東京に生れる。一九七〇年早稲田大学文学部中退。在学中から評論活動、現在に至る。

主著『メディアの政治』(晶文社)

『ひとり暮らし・料理の技術』(野草社)

『しなやかな心とからだ』(野草社)

『今日も一日おいしかった・一食二人三〇〇円の料理術』(現代書林)

『全共闘・持続と転形』(五月社)

第二部　どぶろくのある風景

I　酒と農耕文化——どぶろくに思う

玉城　哲

■どぶろくとにごり酒

この頃、ほとんどどぶろくを飲む機会がない。毎日のように酒の類は飲んでいるが、どぶろくにはおめにかからない。想い起してみれば、もう二〇年ほどどぶろくを飲んでいないのかもしれない。

ときどき、東京の酒を飲ませる店で、「にごり酒」という奴を飲む。酒造業者が仕込んだ「正式」の酒を、十分にしぼらず、米の白さをのこしてビン詰めにしたものである。色だけは、どぶろくに似ている。

うまい「にごり酒」がないわけではない。あますぎる三倍増醸酒よりは、はるかにましであると思うことがしばしばである。口あたりが良くて、つい飲みすぎてしまい、前後不覚になる傾向があるから、グラスで二杯ていどにとどめている。しかし、これはどぶろくとは決定的に違う。にごり酒は、たしかに、どぶろくと一見似たような姿をとっているけれども、どこかが違うのである。

どこが違うのかといわれれば、正確な区別はできない。現象的にいえば、どぶろくの場合、原料の米がまだいくぶんか原形をのこしているように、濃厚によどんでおり、アルコール性の米の汁を飲むような感触があった。市販のにごり酒は、それよりもっとスマートである。どぶろくを飲めば、そのよどんでいる米が腹にたまり、たちまち腹いっぱいになる。しかし、いわゆるにごり酒の場合、それほどのこともない。どこかが違うのである。

もっとも、どぶろくがつねに米の汁のようなものであるかといえば、そうでもない。私の経験によれば、「うわずみ」というのがあった。どぶろくの米部分を沈澱させて、そのうわずみ部分だけのものである。普通の清酒よりやや濃い感じだが、それほど外見ではかわらない透明な酒である。もう、どぶろくなどといういい方は適当でないぐらいである。私は、それほどしばしばどぶろくを飲んだ経験をもっているわけではないが、そういう中に、なかなかうまい酒があった。

ただし、どぶろくには難点があった。一つは酸味がつよいことであり、もう一つはどうも悪酔いしてつぎの日にのこるという点である。化学に弱い私には、その原因をくわしく考えてみる能力はないけれども、どうもそういう傾向があったように思われるのである。もちろん、〝飲みすぎ〟があるのかもしれない。若いとき以来、いまにいたるまで、私はいったん酒を飲みだすと、やや度を過ごしてしまうのであり、どのような酒でも度を過ぎた飲み方をすれば、つぎの日の状態は目にみえている。あえて、どぶろくだけに二日酔の責を負わせるべきではないのであろう。あるいは、かつての数少ないどぶろくによる悪酔い経験を、どぶろくそのものにだけ原因があるようないい方は、いささか乱暴なのであろう。

それにしても、私の数少ないどぶろく経験からすれば、どぶろくは粗い味のものであった。「こく」とか、熟した「うまみ」とはいささか異質のものであった。それは、よくいえば、味の個性とでもいうべきものであったともいうことができる。「個性」であったがゆえに、その味を覚え、なじんでしまったら、その味から逃れられないことになったはずである。いまのおおかたの清酒のように、どうにも区別ができないといったような個性のない酒は、どぶろくの世界にはなかったように思われる。

それと、もう一つの推測をつけ加えておくならば、つくる過程で、地域により、家により、使う麹とまじる雑菌に個性があったのかもしれないと思うのである。だから、酸味のていどをふくめて、どぶろくにはあじわいの個性が生れ、土着の香りをともなっていたのであろう。

■水と酒

長いこと農村の水にかんする調査を続けていると、水と酒には密接な関係があるように思われる事実が多いようである。

たとえば、用水慣行には、酒を贈る習慣をともなっているものが、結構多いのである。上流優先の慣行であれば、渇水時に下流のむらが上流のむらに酒を届け、水を分けてもらうという具合である。東京農大の佐藤俊朗教授からきいた話であるが、佐賀平野のある地区では、旱魃時に下流のむらが上流のむらに酒を届ける。上流のむらの男たちは、下流のむらに水の流れる堰のわきに集まり、この酒を飲む。この酒を飲んでいる間だけ、堰をあけて水を下流に流してやるというのである。佐藤氏の表現によれば、「酒の量と水の量が比例する」ということになるわけである。

こういう臨時の酒の届け方だけでなく、毎年定期的に酒を届けるというやり方もある。やはり佐賀平野の例であるが、ある水がかりの地区が用水不足のため、数年前からアオの水をポンプで揚げて補給することにした。だが、それには、下流の他の地区の水路を利用させてもらわなければならない。そこで、金銭の使用料は払わないが、毎年一ダースほどの酒を届けているとのことである。

なお、アオというのは、佐賀平野独得の農業用水利用方式であって、有明海の潮位の大きな干満差を利用し、満潮時に筑後川から流出した淡水だけを水門からとりこむ水のことである。だから、この場合には下流の水路から水が上ってくるということになるのである。

問題は、なぜ酒かということである。私が酒好きだから、ことさらこの点が気になるのかもしれない。しかし、用水慣行の場合、金銭を届けるという例はあまり見あたらず、酒が多いのである。その点が、やはり気になるのである。もっとも、農村においては、何かといえば酒を贈るという傾向がないとはいえないから、用水慣行だけについて酒を気にするまでもないという見方もありうる。その点は否定しないが、やはり、「水」と「酒」にこだわってみたいのである。

用水慣行にしばしば酒がつきものになっているのは、どうやらその「儀礼性」に原因があるというのが私の理解である。用水慣行にはいろいろな形態・方式があり、その性格をどうとらえるかにも、さまざまな解釈がある。しかし、それは一種の慣習法的な秩序であろうから、契約的社会過程をつうじて確立するものと考えることができる。いや、「契約」という用語はあまり適切でない。契約という言葉は、あまりにも近代の西ヨーロッパ的な響きをもちすぎている。用水慣行に、西欧近代的な契約概念をもちこむのは、まったく無理な話である。

この場合、契約のかわりに、「誓約」という言葉の方がふさわしいようである。もちろん、誓約という用語も、日本の農村の過去と現実に真にふさわしい熟した言葉かといえば、けっしてそうはいいきれないが、契約よりはましなような気がする。この意味を理解するためには、すこしばかり用水慣行そのものに深いりしなければならない。

まずはっきりしていることは、用水慣行は市場経済原理に立脚して成立したものではないということである。こういうと、ずいぶん難しげな話にきこえてしまうかもしれないが、もうすこしひらたくいえば、水は売り買いするものではなかったということである。これは、日本の歴史と現実のなかでは、あまりにもあたりまえのことになっているため、誰もその意味をふかく考えてこなかったというのが事実であろう。では、市場メカニズムによらずに、水資源をうまく配分したかといえば、それは「力」の原理だったのである。

この点を理解するためには、そのまえに、日本の水資源は意外とはやく稀少化してしまったという事実を念頭においておかなければならない。このところ、くりかえし書いているので、いささか気がひけることなのであるが、日本の水資源は江戸時代の享保期ころにはもはや不足してしまったと私はみるのである。不足という意味はこうである。河川の水利において、おおむね利用の対象とできる水は、いわゆる渇水量である。現代の技術用語でいえば、渇水流量である。これは、一年三六五日のうち、三五五日以上は流れている水の量という約束ごとになっているから、たいへん小さな流量である。使う立場からすれば、ときどきドカッと流れてくるような水、つまり「洪水」などあてにしていられないのであって、小さくとも毎日流れていてくれる水でなければ困るのである。だから、渇水量がたよりということになるのである。

どうやら、江戸時代前期の日本は、この渇水量にたいして水田をいささかよけいにつくりすぎてしまったようなのである。大名たちはなぜか——なぜかということを私なりに推測しているが、ここに書いている余裕がない——新田開発に夢中になって、自分の領内における水田面積の拡大に、異常な執念をもやすことになった。現代のように、河川の水の流量を精密にはかっていたわけではないから、水田の水の需要量と川の水の供給量とのアンバランスがおこってしまったわけである。

そこでおきたのが「水論」であった。論とついているから、たんなる議論のようにきこえるかもしれない。しかし、そんなに生やさしいものではなかった。なにがなんでも水を獲得しようという実力のたたかいが水論だったのである。同じ川から水をとる下流の用水組合は、渇水のとき、上流の堰で全部水をとられてはかなわないから、堰を切りにでかけてゆく。鍬や鎌をもって、実力で堰を切り崩してしまうのである。しかし、そうなれば上流側もおさまらない。崩された堰を復旧するだけでなく、切り崩しにやってくる下流側の農民にそなえて、同じように鍬や鎌で「武装」し、迎え撃つことになる。ここに、「力」の激突が生まれることになるのである。

しかし、このような実力闘争の継続は、結局「共倒れ」という結果しかもたらさない。たぶん、そこから生みだされた知恵の表われが用水慣行だったように思われるのである。つまり、実力闘争をお互いにつづけるのではなく、一つのルールをつくって、渇水時にはこのルールをもちだして、実力を発揮しあうのはやめようというわけである。いくぶん、経済学的な解説をゆるしてもらうとすれば、水という資源を「商品」として、市場経済的ルールによって配分関係をつくるのではなく、力の均衡を前提にした社会的ルールをつくるということになるのである。このルールづくりが、「誓約」的なのである。この点に、「儀礼性」とのかかわりがある。

■用水慣行の儀礼性

用水慣行が生まれてくるときの「力の均衡」は、均衡という言葉を使っているが、どうも対等なものではないようである。それは、けっして、量的な均衡ではない。

非常にはっきりしていることだが、流れている水をとる場合、上流側の方が絶対的に有利で、下流側は不利である。この点だけは、どうにもくつがえすことのできない物理的原則といってよいだろう。だから、用水慣行においても、「上流優先」というのが大勢だといってよい。この点は、経済学でいうところの「市場均衡」と基本的に違っている。すでにふれたように、市場的競争にもとづく均衡とは、まったく異質なのである。

もっとも、ときに上流優先でない慣行も存在する。たとえば、下流優先慣行である。これは、古田優先の原則が上流優先原則よりつよい場合にみられる。また、藩領がいりまじっているようなときには、有力な大名領の村がつよい発言権をもち、とくに天領（幕府直轄領）がもっともつよかったようである。用水慣行においては、「先取特権」的性格が色濃くふくまれており、これも一つの「力の論理」を表現するものであろう。これに、藩の大小などの別の「力の論理」が加わるため、用水慣行の共通の形式を発見することは、なかなか困難なのである。

市場における均衡の成立は、いうまでもなく価格をめぐる競争である。だが、「力の均衡」を成立させるものはなんであろうか。基本的には力の強弱である。だが、力の強弱だけで「均衡」が成立するとはいえないであろう。力の強弱は、その極限において強者が弱者を抹殺する論理をふくんでいるはずであるから、共存的均衡をもたらすとはいいにくいのである。力の均衡としての用水慣行の形成についてみるとき、どうやら村むらは、相手の存在を完全に抹殺するほどの決定的な力の優位をもっていなかったようである。

日本の村落社会には、潜在的にはその可能性をふくんでいたとしても、相互に抹殺しあうまでの論理を現実にしめすことはなかったとみることができそうである。

相手を抹殺しつくすことができない程度の力の強弱であれば、そこに一つの均衡をつくりださざるをえないことになる。この均衡の形成過程において、「誓約」が重要な役割をはたすのである。別のいい方をすれば、「儀礼」がだいじな意味をもってくると思われるのである。儀礼化過程の進行は、相互の了解の成立過程を意味するものであり、それは西欧近代における相互の合理的判断にもとづく選択の結果としての契約とは、だいぶ違っているのである。

奇妙なことであるが、日本の場合、この了解の形成過程において、合理的思考と判断がまったく無縁であったわけではないという点を見落すわけにゆかないのである。日本の社会は、いつの頃からはじまったのかよくわからないが、「経験則」をことさら重要視する傾向があったようである。用水慣行についていえば、しばしば「見ためし」なる方法がとられたのである。

見ためしというのは、この言葉のとおり、見てためしてみるのである。たとえば、ある分水をめぐって二つの地域のあいだに紛争が生じたとしよう。そして、争点はその分水における施設（代表的には分水堰である）をどのような構造とし、どのように操作すれば、両者が満足できるかできないかという点に帰着したとする。この場合、両者の話あいによって、仮の協定をして仮の施設をつくるのである。そして、両地域から代表が出て、一定期間試験使用の結果を観察し、記録するのである。「見ためし日記」がつけられることになる。この見ためし期間は三年ないし五年というのが、私のおおまかな感触である。

この期間がもっている意味について、ここでくわしく述べることはさしひかえたいと思う。それは、あまりにも「水の世界」に深いりすることになるし、この本は酒のことを語ることに目的があるからである。ただ一言だけ、この期間について「水商売」を続けている私の意見をいわせてもらうならば、たとえば五年という数値は「水の論理」からいって、きわめて意味深長で、かつ妥当な期間といってさしつかえない。これは、毎年変化する河川の流量において、深刻に争わなければならないほどの渇水が、どのくらいの確率でおこるかという問題に関連しているのである。

見ためしの結果、仮の協定と施設が妥当であることが確認されれば、それが本協定となり、永久施設とされる。具合がわるいということになれば、協議にもとづいて修正される。つまり、対立する二つの地域が合意できる経験則を発見する過程が「見ためし」だったのである。日本の伝統的社会は、西欧の近代とひどく違っているところがあるが、またばかに似ている部分ももっていたのである。これを、ヨーロッパの近代の「合理主義」につうずるものだといえば、不満をもつ人がいるかもしれないが、やはり一種の合理主義的精神のあらわれだといえないこともないはずである。

ただし、この合理主義的にみえる過程は、それだけでおわらない。合理主義的な判断と選択は、たえずくりかえされ、修正されなければならない。合理主義には、いつも闘争ないし競争がつきものなのであり、合理主義によって選択された均衡は、すぐに崩れ去る宿命をもっているのである。どうも、用水慣行はそういうはかない均衡とどこか違っていた。用水慣行は、長期的に安定した均衡状態をつくりださなければ都合がわるかったのである。

この均衡の安定化にとって必要だったと思われるのがどうも「儀礼」だったようである。慣行は、市場経済制度に基礎をおいた損得勘定ではない。だから、その損得を金銭で決済すればいいというような近代的契約関係で律することができない。そこで、この同意は「誓約」として永久化されなければならず、誓約を誓約たらしめるためには、儀礼が必要だったのである。闘争と経験主義のはての同意を安定化させるためには、同意を相互に了解するための「聖化」過程を必要としたといいかえることができるだろう。神聖な誓約を成立させるためには、それなりの儀礼がなければならない。そこに、酒が登場してくることになる。

■酒と誓約

酒が儀礼性をともなっている、あるいは儀礼的存在そのものであるなどということは、いまさら私がいうまでもないことだろう。

食事にしてもそうなのである。食事は、表面的には生物としての人間が生命を維持するための本能的行為の社会的表現にすぎないようにみえるかもしれないが、そうかんたんなことではない。食物は、人間にとってもともと〝神のつくりたもうた〟、あるいは〝神が宿りたもうている〟自然をおのがものにする行為だから、人びとがともに同じものを食べるということは、ともに同じ神と一体となり、それをつうじて人びとが一体になるという意味をもっていたのである。

この食事の儀礼性は、なかなか重要な意味をもっている。そして、この性格は現代においても、そうかんたんになくなってしまうものとも思われない。あまり使いたくない言葉だが、食事はやはり人間のアイデンティティーにとって欠くことのできない根源的な行為であろう。

こういういい方をすれば、食事のそんな意味は、現代の産業社会において、とうの昔に崩れさっているという批判があるに違いない。すくなくとも、一見はそのとおりである。東京で、あるいはアメリカやヨーロッパのまちで、ビュッフェ方式の外食店に行って食事をするとき、食事のもっとも根源的形態である「共食」の姿と意味を、そこに発見することは、ほとんど不可能にちかいほど困難である。画一化された食事の「断片」を「拾いあつめた」人びとが、ただ黙ってひとり食事しているさまは、まことに本来の食事と異質だというほかない。食べるという行為すらも、現代風に産業化されてしまった場合、いったいどうなるかということを、実にみごとにみせつけてくれるのである。

だが、工場の労働者が機械のまえで作業しているように、ビュッフェで黙々と食べている人びとに、食事の本来の「共食」的性格がまったく失われてしまっているとは考えない。むしろ、無言の機械的な食べ方のなかに、現代的共食形態、あるいは現代的共食志向性が存在するのではないかとさえ思うのである。こういういい方は、たぶん、あまりにも逆説的とうけとられるであろう。しかし、あえて逆説的な表現もしたくなるというのが現実なのではないかと思う。

そういう理由はいくつかある。たとえば、人びとはなぜきまりきった画一的な料理しかサービスしない店に、わざわざ出かけてゆくのかという疑問が生まれるはずである。もっと単純化していえば、ほとんどどこでも同じ味のハンバーガーやフライド・チキンを食べにゆくのかということである。たぶん、まさしく、同じ味で同じ形をとっているから、あえて食べにゆくのであろう。これは、いわば観念化された「共食」の論理である。あるいは、イメージ化され、パターン化された共食の形式である。しかし、重要なことは、人びとが会話を失っているにせよ、同じものを食べているという共感であろう。それは、しばしば「同じまずいもの」を食べているという自覚であるかもしれない。

ただうまいかまずいかという点はそれほど重要ではない。ともに、なにを食べているかということが重要なのである。「同じまずいもの」を、たがいに語りあうことなしに、ビュッフェで黙々と食べることに、現代の「共食」的アイデンティティーが発見されるといういい方もありうるだろう。

これは、もちろん、現代の産業社会的情況の帰結である。だが、その反面を考えてみれば、共同体的共食の構造の崩壊を指摘しなければならないだろう。本来、「共食」を生みだし、育て、生きながらえさせてきた共同体――この場合には、家族とかむらとか、ながらく生存してきたさまざまな形の共同体的な組織をすべてふくんでいっているわけだが――が衰弱してきているという現実が、一方で生まれてきているのである。そこから、ともに食べることによって、神のまえでの「誓約」をつくりだそうとする構造が、しだいにひ弱なものになりつつあることを否定するわけにゆかないはずである。

食事のことばかりを書いてきたが、酒についてはもっと深刻である。いまさら、酒はなんのためにあるのかなどということを、一般的にいいたくはない。だが、あえていわせてもらいたい気持がないわけではない。食事についてふれたいじょう、仕方がないことなのである。

それは、こういうことである。酒は食事とともに、きわめて高度の儀礼性をもっていただろうということである。ほんとうのところ、食べものと酒のどちらが儀礼性の点で、本源的であるかなどということは、まったくわからないといってよい。むしろ、わからないのがあたりまえであり、わからない方が都合がよいとさえいえる。しかし、食べものと酒の場合、同じように口にいれるものであるとしても、そして同じように儀礼性をもつにしても、いくぶん質的に違うだろうと解することができる。

その違いは、一言でいえば、酩酊するかどうかという点にある。「酩酊」という用語は、そうとうにあいまいである。気にいった絵画をみたり、音楽をきいて「酩酊」する人もいるだろうし、酩酊にちかい状態になる人は、たくさんいるだろう。たぶん、酩酊とは、肉体的、精神的な一種の陶酔情況であり、日常的自己から脱け出た飛翔の状態である。このように非日常の自己を獲得することは、実は神と交流し、神との一体性を獲得することであったと理解されるのである。したがって酒は聖なる水であり、日常のもの、あるいは俗の世界のものではなかった。

だから、酒は神に捧げ、神のまえで人びとが共に飲むものであった。いわば、共同体のハレの飲みものだったのである。酒を飲んで飛翔することによって神と一体となり、それをつうじて人びとが一体となるということに、祭の原型があったといってよいであろう。酒の発明と発展を技術史的に検討することも重要であると思うが、酒は非日常の世界をつくりださずにいられない人間の精神史の問題でなければならない。

このように考えるとき、酒を贈るという行為は特別の意味をもっていると考えることができるであろう。それは、他の日常的な物品あるいは金銭を贈る場合と区別した方がよい。それは、神のまえで共に酒を飲み、誓約することの簡略化された形だとみなすことができるのである。そしてこれは、酒を贈り、うけとる当事者たちが、この点を明確に自覚しているかどうかとはまた別の話である。とくに、現代においては、この自覚なり意識はきわめて乏しいものになっているであろう。しかし、いわば民俗の記憶として、酒を贈ることの誓約的儀礼性は、無意識の中にうけつがれているように思われるのである。

■ハレの再生とどぶろく

日本の農民が、どれほどの頻度で、どれくらいの量の酒を飲んでいるかは、私にはよくわからない。農村調査で農家を訪ねると、ときに酒やビールでもてなされることがあるし、晩酌を欠かさない人も多いようである。この頃は、飾り戸棚にずらりと洋酒がならぶ応接間のシャンデリアの下で、コニャックのナポレオンをふるまわれるなどということすらある。

それほど、酒は日常の生活のなかに入りこんでいるとみてよいだろう。この点は、農村も都会もかわりはない。ただ、集会の多い農村で、会のあと一杯という習慣がめっきりすくなくなったという傾向が目につく。これは、集落内の集まりでなければ、大多数の人が自動車にのってやってくるという点に直接の原因がある。酒が、共に飲むものという性格を弱め、個人的に家庭で飲むものにかわりつつあるともいえようか。いわば、酒がハレの飲みものから、ケの飲みものにかわりつつあるともいえそうである。

農民の歴史において、これは大きな変化であろう。すくなくとも、江戸時代までの農民は、それほど日常的に酒を飲んだとは考えられない。どぶろくをつくったのも、基本的には祭のためのものであったと思われるのである。だんだん、それが私的なものとなり、貧しく酒の買えない農民が家庭でどぶろくを仕込むようになったことは否定できないが、やはり本来の性格は、ハレの飲みもの、神に捧げる酒をみずから用意するところにあったはずである。その意味で、どぶろくはやはり日本の土着的な農耕文化の一部であった。だから、どぶろくは、買って飲む酒とちがって、日本の農民の心性にかかわる存在だったのである。

いま、日本の農村と農耕文化が、どのような情況におかれているかという点については、くだくだしくいわない。しかし、私は日本の農民が農民としての心性までうしなってしまうとは考えない。形はかわるかもしれないが、共同体の新しい「ケ」（日常）と「ハレ」（たとえば祭）を再生し、創造するだろう。そして、どぶろくは、どのように再生され、創造されるのであろうか。

〔たまき　あきら〕一九二八年東京に生れる。農業経済学、専修大学教授。
主著『風土』（共著、平凡社）、『風土の経済学』（新評論）、『水の思想』（論創社）、『水紀行』（日本経済評論社）など。

Ⅱ　穏健的ドブロク復権論

阪本楠彦

■強盗をして酒をおぼえた？

酒を私は軍隊でおぼえた。官給品の酒でおぼえたのではない。中国の農村で、農民がつくった酒を奪って、おぼえたのである。

強盗をして酒をおぼえた、といいなおしてもよい。お恥ずかしい次第である。被害者の中国人諸君に対して、その当時だって申し訳ないとは思っていた。しかし、もし飢え死にしたくないなら、そして脱走兵となる勇気もないなら、そうするしかなかったのだ。

昭和十九年から二十年にかけて、揚子江からヴェトナム国境近くまで進軍した私たちに、後方からの食糧の補給はまるでなかった。農家に押し入り、徴発する一手しかなく、しかも日本兵が一度荒らした部落には、もうほとんど獲物がなくなってしまっていた。この部落こそはと目をつけて、遠路はるばる出かけても、農民は日本軍が来ると知ると目ぼしい物を天ビン棒でかつぎ、山の中へ逃げこんでしまう。持ちはこびのむずかしいのがドブロク造りのカメで、それだけが残っていることが間々あったのだ。

腹が減ってたまらぬのだから、ドブロクでなくて米が欲しいのである。しかし、ドブロクしかないとなれば、呑まざるをえない。強いパイチュウ（白酒）とはちがい、ドブロクは酔いつぶれるおそれもなくて、腹がふくれるという利点がある。

運よく、もう甘すぎはせず、まだ酸っぱすぎはしないというのに、めぐりあえたときは幸せである。自分に戦死の番がまだまわってこぬうちに、こんなうまいものをまた呑めるとはなどと、しきりに有難がった。

カメの底に残ったドブロクを、もったいないと水筒に詰めたこともある。無知だった。歩き始めて三〇分も、もたぬ。ポーンと栓が飛び、あわてて水筒を呑もうとするが、ほとんど一滴も残っていない。ズブ濡れになった開襟シャツが、泥まみれで、なめるわけにはゆかぬのを、うらめしく思ったりした。

栓をいくらきつく締めても、ドブを水筒に詰めて行軍してはダメである。見つけたその場で呑まなくてはならない。その点、パイチュウなら水筒に詰めて、ゆさぶっても安心だが、酔いつぶれ、敵にねらわれるのがこわかった。

捕虜生活に入ってからがパイチュウである。酒を買わねばならぬ身となり、アルコール当り単価の一番安い酒を、選ばざるをえなかった。買うのが苦になるなら、自分で造ればよい理屈だとはいえる。その頃、経理を担当していた私は部隊の中から職人を集めて、和菓子、豆腐、納豆などを作ってもらい、配給もやり、一部は販売もして好評を博していたのだから、酒だって理屈どおりに造るプランを練ってよいはずなのに、その試みをした記憶もまるでない。今にして思えばふしぎである。

おそらく、酔うと公私のケジメがあいまいになり、部隊の酒を経理担当者だけで呑んでしまいそうな予感がして、造ろうといいだすのを誰もがはばかったのだろうと思う。

収容所のそばの酒屋でおもしろかったのは、一斤のパイチュウの値段が、一両（一斤の一六分の一）の値段の一七倍か一八倍ぐらいだったことだ。まとめて買うほうが損とは妙だと感心し、一両のパイチュウを一六杯くれと注文してみた。酒屋の親父はいわれたとおりに一六杯を、一斤入りの空き瓶に入れてみせ、ニヤリと笑った。二〇杯ぐらい入れぬと一斤にはならぬ仕掛になっているのである。

「日本の兵隊さんは、中国の貧乏人と同じ。秤にはごまかしがあるもの、ということを考えない。

日本兵が中国の貧乏人とちがうのは、値切りたがることだが、値切ったときは、そのぶんは秤でごまかしてやるから結局、もうかる」という話だった。

でも一斤まとめて買うと、やはり呑む量は多くなる。ごまかされても一両（三〇グラム余）ずつ買って呑むほうが、経済的なようだなどと、首をひねったりした。

■「地方」が復権したのなら

昭和二十一年七月、復員した頃の東京は、あのガソリン臭いバクダン——からだの中がパッと熱くなるからそういった——の時代である。警察の眼を盗み、ドラム缶に詰めてガソリンに見せかけて運ぶから、ガソリンの匂いがするのだという説明だったが、真相は知らぬ。

たまに郷里へゆき、呑ませてもらうドブロクが最高の楽しみだった。農家の姉に、前もって手紙しておいて、昨日では早すぎ、明日では遅すぎるという奴を用意してもらうのである。ホロ酔い気分になっていて、

「東大で農業経済を研究し始めたというから、もうかる話をせめて一つぐらい、教えてくれるかと、皆、喜んだのに、お前はいつ来ても、日本の農政が悪いというばっかしで」

と姉にこぼされたこともある。気分を新たにして、或る朝は草取りを申し出たが、

「お前に草取りをやってもらうと、何を取るか、わかったもんじゃない。それより酔いつぶれて寝てくれたほうが、うちの為になる」

と、やられたのには参った。その後、農学博士の学位も大学でちょうだいしたが、姉にとっての私は、いつまで経ってもノー学博士の呑ん兵衛、ということでしかなかった。

その姉が戦後間もなく上京したとき、東京の兄弟を喜ばそうと一升瓶に二本、ドブロクを詰めてきてくれたことがある。満員の夜行列車の中で揺られて、ポーンと栓が飛んで、まわりの客にすっかり迷惑をかけたそうだ。姉の夫は戦争中に、私がやったような失敗の経験をしなかったらしい。

夏休み、学生と農村調査に出かけ、農家に泊めていただくとき、ドブロクをお願いしますと先手を打つのを心掛けたものである。前もってお願いしておかぬと、必ずビールが出てくる。まだ酒屋にも冷蔵庫がなかった頃で、ちょっとやそっと井戸水で冷やしてくれたぐらいでは、なま温かい。呑めたものではなかったのだ。

東京の人はビールが好きだという話を聞いていて、最高のもてなしをしてくださるつもりらしいのだが、当方にとっては一向に有難くない。で、まずもってドブロクをお願いして、

「いやあ、こんないなかの、わしらの造ったドブロクなんて、お口にあうはずありませんよ」

と謙遜されるのを、粘りに粘って初志貫徹したものである。

どうも昔ふうの日本人は、心の中では郷土を熱愛しているのに、他人の前ではお国自慢をしないのを、美徳としていたようである。地元でとれる物、地元で作った物を、うまいですよといって客には出さない。まずいものですが、と謙遜しながらでも出してくれればよいほうだった。

漁村に調査にゆき、旅館で目玉焼きとハムの料理が連日なのに驚いて、アジのタタキを出してくれと頼み、

「そんなもん、何も珍しいことないじゃないですか」

といわれてギャフンとしたことがある。山村でも二昔前ぐらいまでは、ぬるぬるっとした感じの刺身が出て気味悪がらせ、お目当ての山菜料理は頼まねば出ない、という旅館が少なくなかったものだ。

断わっておくが、一流旅館の話ではない。一人ぶんの出張旅費で二人が出張しよう、などというケチな了見で出かける客が泊る二流、または三流の旅館の話である。

今や「地方の時代」という言葉が威張って通用する時代となったが、昔は「地方」という言葉に、軽蔑のひびきがあった。ウッカリ「東京と地方と」とでもいおうものなら、京阪神や名古屋その他の大都市の人々から、ひどい反感を買ったものだし、そのまた昔、陸軍があったころは、「地方」が「ダラシない民間」という意味で使われ、初年兵は古年兵から、

「地方の気分をたたき出してやる」

といっては、なぐられたものである。

そんな時代のうちに、ドブロクは地方の人にも呑まれなくなっていった。冷蔵庫が普及すると共にまずビールが、次いでオン・ザ・ロックが普及したことのせいでもあろうが、いささかわびしい。「地方」がホントに復権したのなら、ドブロクも多少は復権してもよいのではないだろうかと思う。

■ポーランドのワインもどき

ヨーロッパ人も謙遜するけれども、日本人ほどではない。自分の作った物、作った料理を「つまらぬものですが」といって客に勧めることは、滅多にない。ヨーロッパを経験した皆さんがそうだとおっしゃるし、私が九ヶ月暮したポーランドもやはりそうだった。

都市にあるアパート住民向きの家庭菜園がまずおもしろい。ポーランドの統計年鑑によると一九七八年現在で、五〇〇〇団地、五四万個の市民用家庭菜園があって、総面積は二万四〇〇〇ヘクタールだという。国の都市世帯の総数は六〇〇万足らずで、その中には自分の周囲に庭をもつ独立家屋に住むのもあるから、およそ一〇世帯につき一世帯の割で家庭菜園があると見てよかろう。一世帯当り平均五アール（一五〇坪）。中にはもちろん、花ばかり作っている人もある。だが野菜を作っている人が多くて、お客をもてなすとき、これは自分で作ったと自慢するのだ。

その自慢の種の一つに——人によるが——ワインもどき、ブランディもどきがある。留学したのが一二年前のことで、正確な名前は忘れた。雁もどきの真似をした名を、私が勝手につけたが、お許しいただきたい。気候に恵まれぬ国で、ブドウができぬため、ブドウもどきをつくって自家醸造する（またはさらに自家蒸留もする）のだ。

私の友人（日本人）は知人（ポーランド人）の家で九〇パーセントのウォトカを御馳走になったといい、そんな強い奴は市販していないから、好きな人はウォトカを自家醸造——または少なくとも自家蒸留——するのかもしれぬ。純粋なウォトカなら原料はライ麦であり、供出完遂後なら自由市場で大っぴらに買える。コネで農民から買っているかもしれぬが、このあたりよくわからない。私個人についていえば、ついぞ、自家製ウォトカの御馳走にあずかることはなく、したがって質問する機会もなかった。

都市の居住者でさえこうだから、農民はなおさら自家製愛用である。

留学した年の四月の初め、まだ畑は一面に雪でおおわれている頃、泥んこの悪路を馬車にゆられながら、農家に招かれてゆき、四泊させてもらったことがある。復活祭のとき、寄る辺のない人に親切にしてやると神の恵みがある、というカトリックの教えに従い、ワルシャワで一人暮しをしていた私を、農家の主人が呼んでくれたのだ。

「復活祭の間は、なあに、朝飯前しか働かないんだから、気兼ねなしに」

という話だったので、喜んでゆかせてもらったが、朝は馬、豚、牛、羊、鶏と、家畜の世話だけで忙しく、食事が一〇時半頃になったのにはまず驚かされた。そして出た料理が、ハム、ソーセージ、ベイコン、チーズ、ヨーグルト、パン、ケーキ、ワインもどき、リンゴなどすべて手製で、ただコーヒーだけが輸入品だったのに、また驚かされた。

聞けば主人も息子も、ふだんは酒を呑まぬが、お祭りだから特別にワインもどきを呑むのだという。いわば御神酒（おみき）である。小さなグラスに一杯だけ、というのに私がガッカリしていると、すまぬといい、あとで馬車に乗って村はずれのウォトカ工場までゆき、

「プロフェサーはここが招くべきだった」

といってくれて、大笑いになったりした。私のポーランド語会話能力がまだ低かったため、ウォトカ工場までゆかなければこんな冗談も私に通じなかったのである。

好奇心だけは盛んな私は、へたなポーランド語をあやつりながら、

「税金は？」

「警察は？」

と、質問をしてみたが、

「いいんだよ。いいんだよ。今日はお祭りだ」

ぐらいしか、聞きとれぬのが残念だった。

その後も税法を調べたわけでなく、定かでないが、自家製の酒を販売するのは自由でないらしかった。モノポールという看板の店があり、どんな独占資本の出店かとのぞいたところ、売っていたのはタバコと酒。モノポールには「専売品を売る店」という意味もあるのかと気付いたこともある。

しかし自家消費については、自由だと書いてある法律はないかもしれぬが、自家醸造している人なら、客が来ればためらいもなく自慢の製品でもてなす。それが普通の空気だと知るまでは、ポーランド人のパーティに招かれるたびに、ドルショップでスコッチウィスキーを買い、おみやげにぶらさげていったものだったが、あまり喜んでくれない。むしろ、「お前ら、こんな酒を買えんだろう」と見せつけているかのようにさえ受取られる感じで、やめることにした。

安くて、つまらぬものでも、日本製のが喜ばれた。さすが、インスタント味噌汁だけは悪評を買った経験があるが、これは例外としてよい。

手製ならもちろん最高に喜んでくれるが、一人者の長期滞在者では、自国製をプレゼントするのが精いっぱいである。つまりは、真心の問題ということらしかった。

■厚生省的観点に立って

酒を造って自家消費するのは自由にし、売買だけ取締ることにしたら、というのが私の意見だ。売買だけは取締れ、というのは、安心して酒を買いたいからである。敗戦直後、メチルアルコール入りの酒を屋台で呑まされて、死んだり失明したりした人が続出した記憶が、私どもの年齢の者には生々しい。今はあの頃とは世の中も変ったから、売買を完全に自由化しても怪しげな酒が出まわるおそれがないかと思う。しかし、念には念を入れよという言葉がある。政府が許可した業者だけが酒を売れるという仕組は、存続して然るべきだろう。

だが酒を自分で造って自分で呑むのはどうか？　厚生省的観点に立って、自由にさせるべきではないだろうか？　医者の資格のない人が医者のふりをし、他人に医療行為を施すのは取締るべきだが、本人が最適の健康法だと信じることを実行し、医者にゆこうとせぬのを強権的に取締るのは、原則としてゆきすぎだというべきだろう。自家製の酒の自家消費について、仮りに醸造法がひどくまずく、有害物質が含まれていたとしても同断である。そのため強度のアル中になり、社会に害悪を及ぼす危険が生れたとすれば、医者にゆこうとせぬ伝染病患者と同様、その時点で強権を発動すればすむ。

そもそも、アル中になると知っていながらも自制する心がない〝愚民〟どもを、アル中から防いでやるために、〃英明な為政者〃が酒税をかけるのを〃善政〃と称する——というような理屈がまかりとおった時代は、もう過去のものとなっている。所得水準も高くなったことだし、自家醸造を無税にしたからといって、それが理由でアル中患者がふえるわけではなさそうである。今では、カネがかかろうが、かかるまいが、自制のきかない奴は呑み、アル中になるだろう。

もちろん大蔵省的見地にも立つ必要があり、税収を確保するためには自家醸造にも課税すべきかもしれぬ。しかしそれならそうで、年間の醸造量が一石だろうと一斗だろうと、届出さえあればよいとし、それに課税するのがよろしかろう。

いかにも、近頃の税務署のやり方は、事実上は売買だけの取締りになってきているようだと聞いてはいる。明治以来、敗戦直後あたりまでは、やみくもに出動し、軒並みに踏みこんで何十人もを数珠(じゅず)つなぎにしていったが、近頃は「何某は密造酒を売って、もうけている」という情報をえてから出動し、目星の一戸以外はおざなりに調べるだけになってきた、という噂である。

それが事実だとすれば結構な話だが、法律としては密売の取締りに限られず、密造すること自体を取締るかたちを残している点に難がある。取締る役人の立場からいうと、密売の情報を得て出動しても、密売の証拠をつかむのは難しいので、密造の証拠だけで密売を取締れるようにしてほしい、ということなのかもしれぬが、だからといって現行法をそのままにしておけば、いつまでたっても、

「うちで造った自慢のドブです。どうぞ、どうぞ」

と大きな声で人にすすめる事はできない。

制度をハッキリと改正するがよいのである。

■商品化から始まる味の堕落

伝統が滅びてゆくことに悲観的な人もいて、

「まず自家用の醬油が、味噌が、漬物がと滅びてゆくのは、まったく自由な成りゆきの中でだった。いまさらドブロクを税務署の取締りから解放したところで、滅びてゆくことに変りがあるまい」

などと、おっしゃる。だがその〝自由の成りゆき〟に敢て抗することを考え、自家用の酒、その他を協同組合的につくる、というやり方を工夫したってよいはずである。

協同組合的に作って、評判が良くって、売ってカネをもうけようとするあたりから、タクアンにしても人工的なまっ黄色になったりしてくる。酒ならどうなるのか、私にはよくわからぬが、ここには中国の「人民日報」の一九八〇年十二月十五日の記事を引用するとしよう。中国の場合、もともと人民公社または生産大隊という名の協同組合で、従来も自家用酒を自給しており、私も何度か

御馳走になったことがあるのだが、近頃はたとえば、

「河南省で、いくつかの公社および生産大隊の小さな酒造場が、〝五糧液〟とか〝瀘州特曲〟とかいう名酒の空き瓶を高値で買い集め、サツマイモから自家製造した低級酒、またはアルコールを合成したパイチュウ（白酒）を詰めて、名酒だといつわり、市場に売り出していた」

というのである。

タバコについても、銘柄品の箱を国営印刷工場から流してもらい、ニセ物を作ってカネもうけした人民公社があって、警察の手入れを受けたという。

建国以来三〇年、革命、革命といいつづけてきた中国の政府が、一昨年に方針を大転換し、人民公社に対して、

「いつまでも〝お国のための食糧増産〟ばかり、考えていなくてよい。もうけてよいんだ」

といい出したら、早速にこんな始末。考えさせられる。

こんなニセ物造りの例は極端としても、商品化は往々にして、味を堕落させ、画一化させる。日本の酒呑みの多くが、口では辛口がいいと言いながら、実は甘口のほうを呑みたがる、とはよくいわれる話だが、会社というものはおそろしい。近頃は〝辛口〟というレッテルの甘口の酒ができたそうである。

それぞれの家に、それぞれに先祖伝来の味噌の味があり、それぞれに先祖伝来の漬物の味があったという昔のことを恋しがるのは、時代に即応しないかもしれぬ。だが、すぐれた手造りの伝統を、やたらにこわす方向に力を注ぐことだけは、少なくとも慎みたいのだ。

〔さかもと　くすひこ〕一九二一年三重県に生れる。農業経済、東京大学教授。主著『日本農業の経済法則』(東大出版会)、『土地価格法則の研究』(未来社)、『農業経済概論』(東大出版会)、『日本農業十一話』(同)、『社会主義の経済と農業』(同)、『地代論講義』(同)、『幻影の大農論』(農山漁村文化協会)など。

Ⅲ　農の心とドブロクと

――『農民私史』の作者・新山新太郎さんに聞く――

新山《にいやま》新太郎《しんたろう》さんは一九一〇（明43）年生まれの秋田の農家。青年時代マルクス主義の洗礼をうけ、農民運動やプロレタリア文学運動に関わりをもつ。当時から、綿密な日記や備忘録をつけ、ビラや新聞切抜きなどの資料収集に心がけていた。それをもとに『農民私史』『敗戦そのとき村は――続・農民私史』（共に農文協刊）を著わし、地べたから見た民衆史、村の諸相の貴重な証言として注目をあびた。

戦前の昭和七年、『文戦』に「十一人目の兄」という小説を投稿し、故伊藤永之介氏や、鶴田知也氏らに見出され、以後伊藤氏の知遇を得て、多くの影響を受けた。

なお、新山さんは純粋な秋田（雄勝）弁を話すが、聞き手にはそのトーンを表現する力がないので、一般的な表記になったことをおことわりしておく。

住所＝湯沢市金谷字樋口

■神聖な感情でつくったドブロク

――ドブロクという言葉からまっさきに連想されることはなんですか。

新山　まっさきにといっても、特別にこれといったこともありません。いわばドブロクは、いつも身の回りにあったということですかね。わたしの方ではドブロクの話をすれば、だれでも半日は話せるほどの話のタネを持ってますよ。

――では、順序を追って、昔のことから……。

新山　私の子供のころ、酒の鑑札許可証というのを見たことがあります。木札に焼鏝《やきごて》の証を入れたもので、自家用酒は鑑札料を払えばどこの家でもつくれたのですな。その前は酒つくりは自由だったのですよ。だからちょっとした家では鑑札を持っていたのでしょうな。しかしそれでは申告徴税に手数もかかり、税収も上がらないというので、明治三十二年に自家醸造は全面禁止というおふれを出した。これから百姓たちは酒役人に泣かされるようになるわけです。

鑑札をもらわねば酒をつくれないという理屈も百姓たちにはわからなかったでしょうな。自分でつくったものをどのようにして食おうが飲もうが勝手だという気持を持っていたところへ、鑑札料を払えというわけですから。小さい百姓はもちろん無免許だったでしょう。

ともかく酒は、酒好きでない人にとっても特別なつまり神聖なものです。昔から農耕に従った人人は、天地の神々に五穀豊穣の祈願をこめて祈ってきたのだが（百姓をやったことがある人なら、この気持はすぐにわかるものです）、その時は酒を供える。その酒は自分たちの汗と労働によって産み出された米をつかって自分で醸したものでなければ、神聖な気持にそぐわない。それには去年一年神々のおかげで生きられたという感謝の気持も込められているし、何より自分で造ったものを召し上ってもらいたいという、物をつくる人なら誰でもがもつ素朴な感情でもあるわけですな。

――それが今は、月桂冠とか大関とか、コマーシャルによく出る酒を神棚へ……。

新山　そうですな。防腐剤とか砂糖とかが入ったものをね。あれで神様が喜ぶかどうか。日本の八百万《やおよろず》の神々はそれほど厳しい神様ではないようだから、これまでそれほどの災いもなくやってこられたのでしょうが、そろそろあぶないかもしれませんよ。北国では、五十一年の冷害につづいて五十五年も冷害と、何だかわれわれの心が神様に通じていないのではないかと……。といって私は唯物論者ですがね、ハッハハハ。

それはそうと、私の子供の頃、祖父に聞いた話によると、例の禁止令が出たとき、他人に迷惑をかけることなど全くない濁酒つくりが何故いけないのかという素朴な（本当にそれが当たり前ですよ）疑問から、寄合などでは、わざわざドブロクを持ちよってはガブガブ飲んだそうです。そして酔ってはきまって政府を呪咀する言葉をはいていたといいます。それは私らからみても当然のことですね。

■酒役人との闘い

——それほど酒は庶民の生活と深く結びついていたわけで、一方的に禁止されても「ハイそうですか」とはいえない農民の心情が、ドブロクをつくりつづけるという抵抗になったわけでしょうか。

新山　抵抗という意識がどこまであったかは定かでありませんが、酒役人に対する敵対感は相当なものです。むこうも戦前の役人特有の横柄な、権柄ずくのやり方でしたから。

雄勝地方は昭和二十三年に湯沢町に税務署が設けられるまでは横手税務署の管内で、酒役人は横手から日帰りの出張をして来たんですが、全く傍若無人なやつらで、来てはずかずかと挨拶もせずに、懐中電燈を片手にして勝手に上がりこんではジロジロ家内を眺め回すという態度をとったものです。土足で上がり込んだという話もあった。なかには、ドブロクの季節には、その地方の糀屋《こうじや》とか宿屋に泊って毎日村々を歩いては検挙数をふやすというやり方もあったが、酒役人が来たことは村内はもちろん、隣り村にも筒抜けだから、それほど成績は上がらなかったようですな。やっぱり突然、不意をつくやり方が、こちらとしても恐かったですね。あまりにまっすぐにドブロクの隠し場所に直行するときは、密告者があったと思われたのですが、誰がそうかは結局わかりませんでしたね。あるいは密告者がいなくても、目星をつけてそれがたまたま当たったということかもしれませんな、今思えば。

この糀屋ですが、ドブロク禁止令の前にはどこの村にも二、三軒あったもので、私の住む旧幡野村に三軒、隣りの岩崎町に二軒、弁天村に三軒ありました。ところがだんだん需要が減って（というのは、ドブロク用に糀を買うとすぐにわかってしまうのです。つまり糀屋では各家あての通帳《かよいちょう》を発行していたから、酒役人がそれを見ると一目でドブロクをつくっているなと判断がつくわけです）、大正初期には早くも業者の自主的統廃合をきめ、一町村一軒として合同の有限合資会社をつくり、岩崎町の糀屋が社長になりました。ドブロク禁止令の思わぬ波及でしたね。

酒役人が取締りを強化すれば、それだけ酒屋の酒が売れる道理だから、酒役人は酒屋とはグルになっていたらしいですな。酒屋へ造石高を調べに来た酒役人が帰りにたらふく馳走になり、顔を赤らめ、手土産を持って帰るというのはいわば公然の秘密で、あるとき、順三さんという酒屋の若勢《わかぜ》にそのことを言ったら（彼は若いとき私の家に山内村から秋若勢に来た人で、成年になってから杜氏として酒屋に住み込んでいた）、「当り前だよ、六尺一本落とせば、ビン詰めにして四〇〇〇本の酒が無税になるんだ」と即座に言ったのを今でもよく憶えていますよ。

それで、取締りがきびしくなればなるほど酒屋が繁盛するということで、湯沢の酒屋はたいがい大地主になっていきます。私の家も酒屋の小作人で、これは年貢を曳いていった時に順三さんが話してくれたものです。

――新山さんご自身つかまったことは?

新山　私の家でももちろんつくっていましたが、幸いに私が成年になってからはありませんでした。ただ明治四十二年の秋(私が母の腹にいた時)だったといいますが、やられました。私の曽祖父というのが大の酒好きで、そのせいでもあるのか軽い中風にかかり足を引いていたのですが、酒はやめられず、曽祖母が可哀想に思って家族のものにも内緒でドブロクをつくって飲ませていて、それが摘発されてしまった。稲刈りの最中で父や祖父が田圃からおそく帰ってみるとそれだった。母の話によると、その夜曽祖母は泣きながら夫に「俺が悪かった、悪かった」と詫び、その酒好きな曽祖父が「あどァ、一生、酒コなど飲まねえ飲まねえ」と言って泣きだしたといいます。

この話は、老夫婦の深い心のきずなを示す光景として私には忘れられないものですが、酒役人はそんなことには容赦なくビシビシ摘発したわけです。これで懲りたせいか、祖父も父も酒は飲めない人でした。御神酒《おみき》を飲んだだけですぐ赤くなり、どこかの祝儀などに行って帰ってくると、翌日は顔を蒼くして寝込んでいたものです。私も下戸ですが、ドブロクをつくっていましたよ、お客様用です(笑)。

――その他の見聞もおありでしたら聞かせてください。

新山　母から聞いた話で、まだ嫁にくる前の娘時代だというから日露戦争直後のころだろうか、近所の甚助さんという人が検挙されてしまって、罰金は三〇円だったそうです。罰金が払えないので冬になる頃刑務所入りをした。何十日かして帰ってきての話を聞くと、刑務所というところは全くひどいところで、寒い凍りついた日の朝、屋根の雪下ろしを命ぜられ、目の前に出された雪沓《ゆきぐつ》がなんと水色に凍ってカチカチ、それを素足で履いてやれといったそうです。甚助親父は「そん時はほんとに辛かった」と述懐したそうだが、それを話す母も同情して目頭を赤くしていました。

それから大正六年、私が小学校の一年生のとき、私の家の筋向いの家が挙げられてしまった。この人は沓田クラという四十代の後家一家で可哀想な境遇だった。クラさんにはその時十二歳と九歳の女の子が二人いた。夫の政三さんという人が慢性の持病で働けず、五反歩の小作田も取り上げられてしまい、そのうち夫も亡くなり、女手一人で家を立てねばならなくなったわけです。手間取りや妊産婦の看護、秋の漬物の手伝いや洗濯物の繕い、村の糀屋で働いたりしたが、なかなか大変で、家の裏にある三畝歩の畑も一畝、二畝と切り売りしなければならないほどだった。

そのうち、屑米でドブロクを造って売ると間尺に合うと聞き、懇意な人から屑米を譲りうけ、秘かにつくって近所の部落を売り歩いたり、夜になって村の若者が飲みに来ると、ヤカンで燗をしては飲ませていたりしていたのでした。秋の稲刈り時になり、ろくに酒がめの始末をせずに稲揚げの手間取りに出たあと酒役人に踏み込まれてしまった。昼上がりに帰ってみると、酒役人が二人いて（一人では来なかったようですな、やはり酒役人といえども一人では心細かったのであろう）、かめは封印されている。目の前に出された紙に判コを押させられた。彼女は子供を二人もかかえて暮しが楽でないことを話し、見逃してくれるようにたのんだが、そんなことで見逃してくれる相手ではなかった。遠い横手の税務署に呼び出され、かめは没収、三〇円の罰金まで科せられた。

大正六年の頃、米一俵は六円五〇銭、女の日手間は二〇銭にもならなかったから、クラさんに払えるわけがない。長女のマサを山内村の実家に預け、九つになる二女のキクを連れて刑務所入りをしたのですが、全く血も涙もない仕打ちとはこのことだと部落の人たちが話していましたよ。夜になってもクラさんの家には灯りがつかず子供心にも無気味なものでした。子供が泣いたりすると、大人は「クラ阿母の家の女ゴたちは、夜中に泣きながら家のぐるりを歩いているべェ……」と言っておどしたものでした。今から六〇年以上も前のことですが……。

そのときから私は、隠蔽《いんぺ》コ（ドブロク）つくれば牢に入れられると知ったのです。

もう一つ、昭和三年頃の話ですが、私のところとさほど遠くないところで秋田最大の雄物川と皆瀬川が落ち合う西側に大久保という部落があります。戸数は一二〇戸ほどで昔から水害の常襲地、ケダニ（恙虫《ツツガムシ》）地帯としてこの辺では知られたところです。専業農家より第二種兼業農家が多く、ドブロクつくりの盛んなところでした。だから横手からの酒役人の出張もたびたびで、その都度検挙者を出していました。

三年の秋口、部落の仁吉おんじ（二、三男の意）がやっと小さい杉皮葺の家を建て、嫁とり用のドブロクを準備して、いざ祝言を挙げようとする矢先に、酒役人に踏み込まれてしまった。仁吉おんじは、カッとなって俵編棒をふり回して酒役人におどりかかったというが、結局検挙され、祝言もだめになってしまった。

そんなことがあったので、仁吉に同情した村の人たちは、いつか酒役人に目にもの見せてくれる、内心おだやかでなかったわけだ。その年晩秋、寒いみぞれ降る日の午後、三人の酒役人が部落懇話会長の家にやって来て地図を出し、川向いの雄物川の中洲に舟を出すように申し込んだ。会長は、これはとんだことになったと思ったが仕方がない。伍助の家を案内した。伍助は川魚を獲ったり、川舟で流木を拾ってくらしを立てている男だった。彼はすぐに合点して早速、川舟を出した。川は秋雨のために水かさを増し流れは速かった。中洲に上陸した役人たちは、伍助のことなど忘れたかのように奥の方へ足早やに去った。それを見て伍助は川舟を出してしまった。

酒役人たちは、地図を出しては酒がめを探し回ったにちがいない。この中洲は河原よもぎや猫柳が密生しているから、その捜索も大変だったろうが、結局それらしいものは発見できなかった。
その夜、横手税務署から西馬音内《にしもない》警察署に捜査依頼があり、警察署が動き出して三人が中洲から救出されたのは九時すぎだった。晩秋のこととて気温は下がり、みぞれ模様で風が出たので三人は寒さにガタガタ震えて顔は真蒼、声も出なかったということです。伍助は舟を出せといわれて出しただけで、何時まで待てとも、いくらもらうとも決めてなかったから、別にとがめはなかったようですね。ニセの情報を誰かがつかませたのか、あるいは、地図を広げて中洲がくさいと、酒役人の直感でやってきたものか、結局わからずじまいだったですが、この無言の抵抗は当時は大評判になったもので、今でも語りつがれておりますよ。

■伊藤永之介先生と「梟」

——伊藤永之介の「梟《ふくろう》」という小説には、ドブロク密造にまつわるいろいろなことがでてきます。新山さんも素材の提供をされたらしいですね。

新山　はい。「梟」という小説は、先生の「鳥類もの」（宇野浩二の命名という）のはしりをなすもので、東北の農民たちが貧しさの故にドブロクを密造し、それを酒役人に摘発され、罰金が払えずに労役場へ送られるという話を主軸に、小さな子もちの後家が子供と一緒に労役場へ入る哀話や、それにめげない底辺の農民たちの哀歓が描き出されている農民文学の傑作と思います。

「梟」というのは、ドブロクの隠語といいますか、異称です。伊藤永之介先生は私の文学上の恩師で、物を書く心がまえから教えてくれた人です。あるとき先生は「新山君、物を書くなら村議などの公職にはつかないほうがよい。そういう立場に立つと物を客観的に見られなくなる。そうなれば物を書く人としては失格だ」と言われました。私はその言葉を忠実に守ってきました。先生との出会いがなければ私の二著もなかったことでしょう。

伊藤先生は秋田市のご出身で、「秋田魁新報社」で記者をしたのち大正一三年に上京され、同年創刊の『文芸戦線』に拠り、昭和九年に同誌が廃刊させられるまで一貫してプロレタリア文芸運動に文芸評論家、作家として尽した方です。私は昭和七年に「十一人目の兄」という作品を投稿し、それを伊藤先生と鶴田知也先生（「コシャマイン記」という小説で第二回芥川賞受賞）らが同五月号に掲載してくれ、それから師事するようになりました。

そのとき「貴兄の投稿『十一人目の兄』は、小生が投稿整理の任にあたっている関係上、編集会議に推薦して、五月号に発表いたしました云々」の手紙をもらいました。以来、先生の手紙は百通余り全部保存しております。先生は、昭和六年「万宝山」という、満州に流浪する朝鮮農民を描いた小説で注目されたのでしたが、その後は弾圧が激しくなり発表の機会を失っていたのでした。それで再び文壇に出る作品をと思っていたのではないでしょうか。

昭和十年三月二十日付の手紙で、

〈突然のお願いですが、ドブロクについて、何か知っていることがあったら、お手紙でおしえてくれませんか。村のドブロク事件、どぶろくを造る心理、罰金がこわくても、どうしてもやめられない心理、製法、造る順序、季節、どぶろくにまつわる色々な話（特に製法についてくわしく）等等について、是非おしえてくれませんか、貴兄が知らないなら、誰れか村の人に聞いて、お知らせくれませんか、なるべくくわしく。お忙しいでしょうが至急お願いします。〉

と言ってきたのです。ドブロクを題材にした小説を書こうと思ったのはこの頃からなのでしょう（作品発表が、「梟」昭和十一年九月、「鶯」昭和十三年六月、小説集『鶯』は芥川賞候補としてさかんに取りざたされたようだが、それには入らず第二回新潮社文芸賞を受けた）。

そう言われても、当時の私は製法を知らなかったから、ドブロクつくりの本場のようにいわれていた平鹿郡山内村から私の村に婿に来た音松爺さんの家に行ってくわしく書いて送ったのですよ。しかし伊藤先生はそれだけでは満足せず、すぐに次のような便りをくれました。

〈この前お願いした濁酒について、しつこく色々な注文をして恐縮ですが、その小説を書くについて、是非必要なのですが、誰れか近在の人で、濁酒で検挙されて、罰金がわりに労役場に行って来た人が見つからないでしょうか。もし幸いそういう人があって、話を聞くことが出来たら、労役場の話を聞いて、知らせてもらいたいのです。＞

その手紙にはその他、労役場内の仕事とか、濁酒犯は一つところに起居を共にし、労働をするのか、その他細かい出来事とか何でもよいから、くわしく調査して知らせてくれと書いてありました。それで私はさっきお話ししたことや、隣り村の大正初期にやはり小さな娘をつれて労役場に行ったという老婆にくわしい話を聞いて書き送りました。「梟」には、それらの材料が使われています。

そんな手紙のやりとりはありましたが、なかなかお目にかかる機会はなく、伊藤先生と初めてお会いしたのは、戦時中の昭和十八年の暮も押し迫った十二月三十日のことでした。先生は横手に疎開していて、「このごろの農村の話をいろいろうかがいたいと考えています」という手紙を十月十八日にもらっていたのですが、私の方は、何しろ穫り入れ作業の最盛期で、いつ来てくださいとも言えず、そのままにしていて暮になってしまっていたのでした。

私が村の供米事情やら、暮らしぶりを語ると、先生は熱心に聞いていました。その後、役場でも話を聞きたいというので、役場へ案内したりしました。そこでのことはまあ、ドブロクとはあまり関係ないので省きますが、役場の部屋の壁にベタベタ貼ってある供米督励日割表とか貯蓄ポスターとか、戦意高揚などのポスターなどに鋭い視線を向けていて、あとで先生と別れしなに、「新山君、大変なことになってきたようだな、これから農村の人たちは苦しめられそうだな」と言ったのが印象的でした。その後、村の暮らしはますますひどくなっていきましたから、そのたびに先生の言葉を思いおこしたものです。

■民主化時代のドブロク

――戦後はどうですか。やはり酒役人が……。

新山　敗戦直後はお上の権威が失墜したときですから、酒役人の姿はなかったですな。なにしろ民主主義、主権在民の思想がドッと流れ込んできて、農民たちは人権意識を持ちまして、酒役人が酒を捜しに来て家の中に入るのを拒否すれば、中へは一歩も入れないだろうと、勝手に自分たちに有利な法解釈をしていたものですよ、それでもまあよかったのですな、あのころは。

戦場から九死に一生を得て帰ってきた息子や兄弟を迎えて、なにはともあれ酒ですからね。解放された気分の中でのお祭り、村の集会、五人組祝い、法要、人頼みまで一切合財にドブロクは顔を出しましたよ。それでも供米は苦しく、何しろドブロクは米から造るのですから、たいへんな貴重品でした。それでも農民たちは飲まずにいられなかったのですね。だからドブロクが盛んに売買されました。当時ドブロクをカモフラージするあまりいい入れものはありませんで、ゴム袋に詰めたり、湯たんぽに詰めたりして、在郷のアバたちが町場に行って売りさばいたものです。酒といえばドブロクしかないのですから、飛ぶように売れたということです。中にはドブロクを売って娘の嫁入り道具を揃えたという話もありました。

そのころの話で今も思い出して笑いあうことがあります。昭和二十三年の七月、秋田県は豪雨に見舞われ、私のところも雄物川やその支流の白子川が氾濫して大水害をこうむりました。そのときのことは、「続・農民私史」にもくわしく書きましたが、ドブロクに関することはこうです。

氾濫した水がどんどんふえ、床下、床上となるにつれ、箪笥や米俵を梁に吊り上げるなど家中総出でやり、その後女子供は避難したが、誰もいないでは心配だと、梁に戸板を渡してその上で夜明かしをした人もいたわけです。明朝、「さすが胆っ玉が太い、大したもんだ」とみんなにほめられたわけですが、あとでドブロクがめの中のドブロクが全部なくなっていることがわかった。ドブロクを流してしまったか、それにしてもかめはきれいだから不思議なものだと話しているうち、親父が「俺が飲んでしまった」と言う。それにしても三升は入っていたドブロクをよく飲めたものだとあきれかえったものです。火事場の馬鹿力と同じで、ふつうはそんなに飲めなくても飲めてしまうのでしょうな。それで、胆っ玉が太いよりも酒を飲んで気が大きくなったから頑張れたのだろうと少し評価が下がりましたが、本人は「家の外はゴウゴウと水の音がものすごかったが、俺のいびきも負けずにすごかったろうよ、何しろ三升分だ」と悪びれもせず大笑いしていました。こんな話があっちにもこっちにもありました。その頃まではいかにどこの家でもドブロクをつくっていたかという証明でもあります。

この水害を見舞いに伊藤永之介先生もやってきてくれましたが、そのときは自家製のドブロクを飲んでもらいました。後年先生はアル中気味だったといわれますが、その頃はそんなに飲みませんでしたね。

あれやこれやを思い出しても、敗戦直後は、解放感のあった時代だと言えるでしょう。しかし、だんだん世の中が落ちついてくるとまたまた酒役人が跋扈《ばっこ》しだしましてね、私の部落に事件（?）がありました。

部落の秋祭は、神社の雪囲いから、神社経営の田の報告を兼ねた氏子たちの総会でもあって、そのときの祝酒がどうしても三斗は必要なわけですな。それでその酒を二番米を持ちよってつくっていたのです。まあ部落の酒だから、神社の祭典用具を入れている板庫《いたくら》で醸していたわけです。ある日、部落常会長のHさんのところへ茶色のアノラック姿の二人の男が訪れた。常会長さんはハテ私に何の用事といぶかしみながら出てみると、もう挨拶もそこそこに板庫を調べさせてくれと言うのでびっくりした。

拒否もできずにカギを保管している祭事の係Tさんのところへ同道し、板庫を開けた。まあそれで、舞台道具や大小さまざまの灯籠や食器箱などが所狭しと並んでいる中に、ドブロクのかめも見つけ出されてしまったわけで、常会長と祭事係はその後二回も呼び出されて調べをうけることになって災難だった。二人は、部落の名においてつくったことにせず、祭事係のTさんの長男がフィリピンで戦死していたので、その仏書きのためにつくったことにした。つまりTさんが罪をかぶったわけだ。ドブロクを没収され、罰金が二〇〇〇円だった。

そんなこんなで、昭和二十五年の朝鮮戦争ごろからは、再び戦前のような厳罰主義で臨むようになったようですな。村の検挙者数を見ても、戦前はたまにというほどであったが、戦後は一五人もいるのですから、いかに厳しくなったかがわかります。中には一人で三回も挙げられた人もいたが、清酒を買ったつもりでと、まあ痩我慢して二、三千円の罰金を払っていました。インフレの時代ということもありましょうが、戦前ほどの深刻さはなかったですな。

■農の心を売り渡さないために

清酒が普通に出回るようになったのは、昭和三十四、五年ごろでしょうか。その頃からドブロクをつくる人も少なくなって、検挙される人もなくなりました。酒役人の方でも、わざわざ出張してきても見つからなければ、その出張の経費は全く無駄になってしまうわけで、近ごろは全く来ませんよ。

しかしそのことが、ドブロクをつくらなくなったことがわれわれ農民にとって進歩かどうか、大いに疑わしいです。疑わしいのではなく退歩だと私は思っています。農民が食べるもの、飲むものを他に頼るというのがそもそも堕落ではないでしょうか。部落の秋の祭りには、とれ秋の米を自分たちで醸して祝うというのが、その地を離れては生きていけない耕作民、農民の原点です。今でも特別に税金を払ってドブロクをつくるという神社の氏子一統が全国にはいくつかあるようですが、そこに形はまだ残されていますね。それを堂々とやるようになったときが農民が本当に自分たちを解放する端緒だと思います。

いま全国の農民の間に、自らの生活の見直しをしようという意識がたかまっています。自分たちが作った米を使い、天地の神々、家族、部落の人たちと豊穣の祈願をし生活の豊かさと安全を願ってつくり飲むドブロクを復活させることは、いま直視を迫られている農民の生活思想のひとつの課題と私には思われます。このように権力者が奪ったことが自明なドブロクを復活させることさえできないで、農民の本当の自立、生産面や生活面で奪われつづけている自由の回復はできないでしょう。

だから、ドブロクなどつくらなくても買えばよいというのでは、いつまでたってもだめなのです。そのうち農民の心まで権力者側にすいとられ、破壊されてしまうのではないかと私は心配しているのですよ。

というのも、生活の見直しということが興っている一方で、現在の農業、農村には明るさが消えて、やるせない、胸いたむ側面も見受けられるからです。若い人たちはくじけず、村を愛し、農業を守るために元気でドブロクつくりの回復に立ち向ってほしいと願っています。

——ありがとうございました。

（聞き手・農文協編集部）

Ⅳ　南島人の心を支えた泡盛

いれい・たかし

■枕酒と洗骨

酒を枕にして睡るとは、盈満なものたちの豪奢な生活を想像するというより、他者にはどうしても語れない心の闇と対峙した人間の内面の暗闘か、さもなければ、働いても報われることのない民百姓たちの、抑えることのできなくなった憤怒や自虐が錯綜した情念の燃えたぎった姿相を思わせる。したがってそれは、酒のない時代、酒を渇仰した時代にふさわしいことばのように思えてくる。

いま、都市に吸引された人びとは物忌をすることもなく、季節の節目に手を休めて休息をすることもなく、ただあたふたと、高度に発達した文明社会、生産社会の要請するがままに追い立てられ、動きまわっているだけであり、酒を枕にねむる心身のゆとりはない。彼らは、その内部に増大している現代の深い闇を凝視《み》まいとして、毎夜、心身の適当な疲労をいやす程度の酒量に容易にありついている。また、かつて米の収穫期には、自ら作った米からもっとも遠くへ疎外されていることを知らざるを得なかった小作人の末裔である日本の農民たちも、いまでは田畑の近くまで侵入してきたスーパーやホテルの自動販売器から防腐剤入りのカップ酒を手軽にひき出す。もう酒は、支配者の寡占するものではなくなった。同時にそれは支配者の寡占に抗し、自が村落の奥深いところで自造し、これを痛飲して被支配者の内部にうごめく幻の共和国へとその生命を燃焼させるいのちの水でもあり得なくなった。

すべてを商品化し、かつて日本の百姓たちを畏怖させたアカの思想までもその巨大な流通機構にのせて売り尽す社会において、酒だけがいのちの水としてとどまることはできない。逆に、日本の支配者による酒占有の長い歴史過程における民衆の酒への渇仰を一気に満そうとするように、今日の社会は東西の酒で氾濫している。テレビの宣伝が、酒とくすりで埋っているこの社会の倒錯は、すでに巨大な戯画であり喜劇である。

さて、文明社会、産業社会とは、食べるもの、飲むものと人間との原初的なかかわりをとりはらい、人間からものの多様な味を奪ってしまうのである。つまり、今日はコンピューターが組みたて、機械が混ぜ合わせ、あらかじめ予測し計量された分の味と量を、ビニールで真空にパックされた製品として、誰もが同じ調理でもって食う時代である。人間も類型化すれば、類型化した人間の食うものもまた同じということになる。人間の二大本能であり、生きる目標ともいえる食べることがすでに画一化され、残りの性もガラス管時代となり、企業化されだしているから、酒が自由に飲めるような時代をよろこんではいられないのである。

思えば、日本の民衆が銘柄で酒を飲むようになったのは最近のことであろう。酒であれ、ドブロクであれ、民衆は穀物の発酵と糖化作用によって得られる神秘の味を求めたのであった。しかも民衆はそれさえ自由には得られなく、多くの場合、自がいのちを賭けてその一滴をもとめたものであった。酒を枕にして眠るというが、死ぬことによってはじめて二合の枕酒にありついた人びとを想起しよう。

沖縄本島を中心としたわが南島に、洗骨の風習のあることは、民俗学のさかんな今日、すでに耳新しいことではない。洗骨を一つの過程とする南島の葬風を再現しよう。

ある集落のA家にたまたま死者が出た。この死者には、死者が属する血縁との関係において、すでに生きているときに自らが葬られるべき墓室が決められている。この墓室は亀甲墓といって、その入口は、人間が母から誕生したときの産道に似せてつくられ、その産道から入った内部は母の胎内のように、かつてそこからつぎつぎと生命をおくりだした母室としてつくられている。死者はこの母なる原郷に帰還するわけだが、この場合、死者が行くべき亀甲墓に洗骨されていない遺体があってはならない。洗骨に適さない三年以内の死者がある場合には、新しい死者は亀甲墓の側に仮葬されることになる。三年以上経過した死者がある場合は、ムラの長老たちの判断と指導で洗骨がはじまる。まず、亀甲墓の入口に男たちが後向きで入り、くちかけた棺を取り出す。棺を墓の前庭に出すと女たちが泣きながら、死者に親しく呼びかける。そして、きれいに白骨化していることを祈るように棺のフタをとる。

よく白骨化した死者を棺からとりだし、これをきれいな水で浄め、彼のために用意しておいた骨がめに足から頭まで、人間の直立の姿勢で並べる。骨がめに納った死者は、多くの血縁とともに三十三年間、この墓からこの世の子孫や村落共同体を見守り、その後は祖霊となって再びこの世に生れ出る順番を待つことになる。このように、前の死者が洗骨された跡に新しい死者の棺は安置され、洗骨に必要な期間を待つわけである。さて、この洗骨には、アワモリを使ったというが、貧しい集落には、洗骨に必要な量のアワモリはない。死者には、男女、こどもを問わず、枕酒を持参させる。今日、死者の棺には、その人の愛用した物品を入れるが、わが南島では二合のアワモリをもたせた。この酒を枕酒《マックワザキ》といい、地方によっては懐酒《フチュタルザキ》ともいうが、洗骨の日には、古老たちがこの枕酒を好んで飲んだ。アワモリの特徴は、日本酒やビールとちがって熟成を必要とするため、二年以上も墓のなかで熟成すると、ちょうど古酒となり、おいしい酒となったわけである。

洗骨を担当する女たちが、白骨化した肉親や縁者に、「きれいになってよかった。こんなにきれいになって……」とよろこびを語るように納骨している間、古老たちは、死者の枕酒を彼の形見の品として味わい、死者の生前を懐しむのである。

今日のように泡盛が島中にあふれて、誰もが手軽に飲めるようになると、何も死者の枕酒を飲むこともない。酒に不自由した貧しい時代に人びとは、死して二合の泡盛をわが枕元に置かしてもらったが、それも結局は熟成し、うまみを加えて生者に返したのであった。

わが南島の葬風もすでに火葬とかわり、人びとは枕酒を持たず、洗骨もされず、この世とあの世をつなぐ何ものものこさず、ただ一条の煙と化す時代となった。亀甲墓の奥深くに眠る祖霊にまでつながる血縁の意識、その血縁を単位とする村落共同体は、その存立自体でもって人びとの心を結びつけたものだった。人びとのこの同一感は、枕酒を持参させ、いつか洗骨のときにこれを飲み合い、また自分の枕酒もみんなに飲ませてやろうとする意識の循環の過程で形成されたものであろう。

いま、沖縄の社会は、本土復帰、海洋博などで日本の資本が進出し、県民は金の亡者となって、伝統的な寄り合いの精神を失い、沖縄の伝統的な社会とそこにおける人間関係は大きく崩れている。この社会の崩壊の背後には、枕酒の循環がもたらした血のつながりの意識の喪失がある。枕酒の時代において、わが南島の酒アワモリは、生者にとっても、死者にとってもまさにいのちの水であった。

さてそれでは、わが南島人は、このアワモリをいかにして手にしたのだろうか。

■アワモリの風土

酒のことを島の人たちはサキという。もちろんサキといえば泡盛のことである。泡盛が南島の地酒であるので、どこへ行ってもサキといえば泡盛であり、したがって地酒というものはない。このサキは、古くは民衆にとってはくすり、つまりウグシイであり、クスイムン（くすりもの）であった。こどもたちが発熱すると、祖母たちはその手のひらに泡盛をひたして、こどもの背中をさすり、カゼには泡盛のにんにく酒をのませればよかった。日常の慰楽と薬用に愛用されたこのサキは、ヒル（にんにく）ザキ、ハブザキなどと何かを複合するとザキに変化する。

さて、このウチナアザキ（沖縄酒・泡盛）は、「技法は外来のもの」だが「泡盛はまさに沖縄でつくり出された酒である」（「泡盛文化史抄」平敷会治『青い海』9号）とされているとおり沖縄で生まれたものではない。というのは泡盛以前にはウンサクという口かみの酒があり、各島々の祭りや農耕儀礼には、泡盛が神酒に代って以後もウンサクを供えることが多いからである。研究者によると、泡盛はシャム国産のラオ・ロンという酒に風味も醸造法もよく似ており、琉球王朝が海外貿易で繁栄した十五世紀から十六世紀の年代に、今日のタイ国であるシャムから導入したものか、那覇に出入りした南蛮人からその技法を習得したものと説かれている。この泡盛の製造法であるが、泡盛の原郷とされるタイからタイ米をとり寄せ、これを煮てから麹を加え、発酵、糖化させてもろみをつくり、このもろみをランビキ（蒸留機）で煮沸する。ランビキから蒸留されて出てくる気体は、やがて外気に冷却されて液体となってランビキの外部にほとばしってくる。これが泡盛の誕生である。最初に鼻をついて香ばしくにじみ出てくる泡盛はハナザキといって八十度にもなる。日本酒のようにもろみを濾過して製造する酒が古くなると香味が乏しくなり腐敗していくのに対し、泡盛はランビキから外界へ蒸留されて流出すると、ただちに長ければ長いほど香ばしく、まるみがでる熟成の旅をはじめることになる。すなわち、泡盛が日本酒類と本質的にちがうところは「長時間の貯蔵によって生ずる熟成し調和した風味を貴ぶところにある」（坂口・後掲書）とされている。戦前には、琉球王朝の御用酒を熟成した二百年ものの古酒《クース》があったという。今日、三年もの、五年もの、七年ものを古酒と銘うって三十度ものの泡盛とは別に売られているが、古老たちにいわせれば、度数は四十度、四十五度と高いが、まだまだ古酒の風味にはなってないという。時間をかけて熟成されてないからであろう。

　南方伝来の技法で琉球に誕生した泡盛が、何故に琉球独得の酒とされ、西にスコッチ、東にアワモリとして酒通の間に注目されているのだろうか。それは、一つには米を発酵、糖化させる麹にあり、もう一つは泡盛を何年もかけて熟成させる容器としての南蛮甕の効用にあるとされる。

「君知るや名酒泡盛」(『古酒新酒』講談社文庫、坂口謹一郎)によると、「泡盛麴は、麴造りの型式は日本酒式のバラ麴でありながら、現にそこに生えているカビは黄緑色の日本の麴菌とは全く別種に属する真っ黒い、いわゆる黒カビであって、黒麴菌または泡盛麴菌といわれる種類」であり、泡盛は、琉球にだけ自生するこの黒麴菌によってその独得の風味が形成されるといわれる。さらに「泡盛の熟成には、沖縄の土で焼いた『かめ』や『とくり』が効果的であり、長い貯蔵には南方から渡来した『南蛮焼』のかめが珍重された」という。

つまり、泡盛は、その原郷であるタイの米が琉球の水と温度、湿度のなかで煮られ、これが琉球の風土に自生した黒麴菌によって発酵、糖化されもろみとなり、これが蒸留されて誕生し、それから琉球の土で焼かれたかめで、酒蔵や床下などの静かなところで何年もの間ひっそりと息づかいを続け、まろやかな熟成を遂げることになる。台風の道、ハブの生殖地として恐れられる沖縄、民俗学的には、古い習俗を今日に伝えている島、資源的には何一つ注目すべきもののない琉球列島、しかし、そこには黒麴菌が自生していた。これが名酒泡盛を産んだわけである。泡盛をウグシイ(おくすり)として秘蔵し愛用してきた南島人にとって、泡盛を産する黒麴菌の自生する風土こそ、すべての貧しさの代償として諾ってよいものであった。何故なら、人びとは、この島の苛酷な自然条件、とくに苛烈な台風やひでりによる攻撃さえ天のなせる業としてこれを受け容れ、南島の自然との調和のうちに生きてきたのである。その忍従と受容、再起への牛の歩みにも似た緩慢な繰り返しを可能とした南島人のポテンシャルを育んだのはウンサクの時代から泡盛の時代へと継続した酒の力であった。

さらには、琉球王朝時代から薩摩の侵入、明治政府による琉球処分、明治、大正、昭和と続いた差別と収奪の年代、沖縄戦から米軍による占領と軍事支配、そして日米の新たな戦略基地と機能拡大している今日まで、この島嶼社会に吹き荒れた歴史、社会的な条件を、社会の底辺で忍耐強く受けとめ、ひたむきに生きてきた民衆の生命力も、まさにウンサクや泡盛がもたらしたものであった。

■禁じられた民衆の酒

すでに触れたように、泡盛が民衆のものとして自由に流通したのは戦後のことである。前記平敷会治によると、「日本本土で最初に焼酎がつくられたのは鹿児島のようで、一五五七年には焼酎の記録があるが、その蒸留技術は沖縄から伝わった」という。イモが琉球から鹿児島へ伝わって薩摩イモとなり、イモ焼酎の天国として鹿児島がその名声を得るまでには、南島と南日本との島々をつなぐ文化の交流があったわけである。この文化交流は日本民族の源流を稲作の伝来で辿り、それが琉球列島を経由した南方であるとして、日本民族の北上説を提起した柳田国男の「海上の道」と重なってくる。沖縄の風土で自生した黒麹菌が産んだ泡盛の香気が、「海上の道」を北上して鹿児島へと伝わり、日本全国に焼酎を波及させたわけである。

泡盛の蒸留技術が薩摩へ伝わった十六世紀には、泡盛はすでに琉球王朝に寡占されるところとなった。琉球王朝は、首里城下の鳥堀、崎山、赤田の三箇《サンカ》村に四十戸の酒屋を集め、御用酒御蔵を通して原料の米などを支給し、御用酒の上納を命じた。王府は穀物九斗の支給に対し泡盛四斗の上納を命じたが、穀物九斗からは四斗五升から四斗八升の泡盛がとれるので、その余分が商人に渡り、ときには民衆にも届いた。とくに民百姓にとって、泡盛は幻の酒でしかなく、「十八世紀に至っても神酒用の泡盛すら買えない村があった」(平敷会治)という。人頭税という苛斂誅求で知られる税制が島々へ施かれたように、琉球王朝は、百姓に穀物さえ与えなかったから、肉や酒は当然きびしく禁止され監視された。村落共同体の祭りにさえ、牛をつぶし、酒をふるまうことが禁止された。民衆にとっては泡盛誕生の頃から明治の四十年代まで三百年に至る長期間、泡盛をウグシイとして秘蔵する不自由の時代が続いたわけである。

明治四十年に酒税を納める業者が泡盛を商業として自由に醸造するようになり、各地で泡盛の小売店が出現した。統計によると、明治二十六年には、琉球王朝の足元である城下町首里に一〇二軒、那覇に一軒、中頭一軒、国頭一軒の酒屋があったのに対して、宮古、八重山島には未だに地元の酒屋はなかったとされている。

今は、琉球泡盛の銘柄は全琉で五七とされているが、その銘柄を見ると泡盛の歴史が容易に読みとれてくる。最盛期に一〇二軒もあった首里の酒屋は、那覇の都市化や戦争によって、今日は数軒を数えるだけであるが、その銘柄には「瑞穂」、「瑞泉」という古風なものがある。これに対して、地方の酒は、「菊の露」、「忠公」、「照国」、「玉友」、など戦前の愛国調の銘柄があり、土地柄を示すものとして「どなん」、「多良川」、「萬座」などがある。焼酎や清酒でも地方や離島で名酒があるとされているが、今日、泡盛も、歴史的に禁圧されてきた離島に名酒があるとされるのも皮肉なことである。

明治、大正、昭和と続く差別と収奪の沖縄近代において、ようやく泡盛が民衆の手に届いたのもつかの間のことで、昭和十九年には泡盛も配給制となり、その後、沖縄へ出入する船舶が米軍の潜水艦やグラマンの餌食になると原料の米もなくなり、沖縄は戦争にまきこまれ、酒屋も酒蔵も地方の小売店も戦火でふっとんでしまった。

沖縄戦の総責任者であった牛島、長将軍の自決直前のもようが「食事はむしろ贅沢であった。三時のおやつも出るし、小夜食もある。左利きの者にはビール、日本酒、参謀長とっておきのオールドバー、ジョニーウオーカーなどのスコッチさえご馳走になれる。長将軍はキング・オブ・キングスのひょうたん型の壺を前にして、すでに一杯傾けておられる」(八原博通『沖縄決戦』読売新聞社)と、バッカスの祭典並に記されているが、戦争の当事者たちがスコッチを死出の酒として味わっていた頃、戦争にまきこまれた民衆は、亀甲墓のなかで、米軍の火焔放射器におびえながら、平和な時代の枕酒の記憶を辿るだけであった。苛酷な政治と戦争は、民衆から酒を奪う時代のこととして実感されるわけである。

■戦後生活と泡盛

一九四四年の十月十日の那覇大空襲からはじまった沖縄戦は、それ以前に沖縄へ物資を輸送する船舶を徹底的に潜水艦攻撃し、島を完全に封鎖して展開された。翌年の四月一日の上陸開始から六月二十三日、長、牛島将軍の自決の日をもって組織的な戦闘が終る日までには、米軍の機動部隊による陸海空からの破壊と掃討で樹木一つ残らないほど廃墟と化した。一滴の泡盛もなく、砲弾をかいくぐった人びとは身も心も一片の襤褸と化して、戦後の飢えのなかを彷徨した。米軍収容所に囲われた人びとは、その軍事物資で生命をつなぎ、自らの村落に帰れた人びとは、戦前の屋敷の跡に仮小屋を作り、再起へと向った。その頃、沖縄北部の一つの集落で起きた事件である。

沖縄周辺の海上では、捨身な特攻隊の攻撃によりいくつかの艦船が沈められた。この艦船からは、人間の五体ばかりでなく、ときには缶詰、メリケン粉などの食糧品が海浜に漂着した。この漂着物は戦後ある時期、人びとの飢えを充たしてくれたほどである。この米艦船からの漂着物に一本のドラム缶が混じっていた。飢えのなかでも人びとにとって泡盛の飢えには我慢ができない。誰かがドラム缶の液体を嗅ぎ、あの懐しきアルコールのにおいをそのなかに嗅いで飲めそうだといってしまった。酒好きの人たちが水で薄めて飲みはじめた。工業用のアルコール、メチルである。間もなく幾人かの容体がおかしくなり、つぎつぎと死者が出て、ムラ中が大騒ぎとなった。航空機の整備をしたことのある退役軍人が、このアルコールを口にふくんで、ぷっと空中に吹きだして、これがメチルであると判定したのは、すでに幾人かの死者が出た後のことであった。

死者のなかには、沖縄戦直前に、サイパンからいのちからがら引揚げてきた男、酒好きで、祭りや祝いのある家では、いつもムラの人びとにふるまい酒をしてその場を明るくしたおばあさん、奄美大島から寄留してきた漁夫がいた。メチルを飲んだ人びとのなかには、失明し、戦後の年代を闇にした人もいた。

この集落の人びとは、メチル騒動にも屈せず、酒への執念をたぎらせ、間もなく自らの技法で泡盛をつくった。米軍がその占領国へ放出した物資を「ララ」といったが、そのなかには泡盛づくりに適するシャム米なども混じっていた。人びとは米を煮てニクブクの敷物にひろげ、発酵するのを待った。米を発酵させた菌があの黒麹菌であったかどうかは分らない。しかし米は間もなくもろみとなって、大きな南蛮がめのなかで、ぶくぶつたぎって蒸留を促す。人びとは期待と不安のうちにもろみを大きなナベに移し、そのうえにタルを置いて蒸気が流れ出るパイプをセットし、ナベとタルの間をイモをねり合わせて完全に密封した。祈るような気持でくべられたマキに火をつけた。やがて、真白い水蒸気がパイプの口をとおって出てきた。それからは、のどが鳴り、鼻がひくひく動きだすにおいがしてくる。蒸気は煮沸されたもろみから蒸留される酒のしたたりにたえられなくなり、遂に液体となってタルの外側にほとばしり出る。あたり一面に泡盛の香気がただよう。ハナザキをサカズキにとって鼻にしたおじいさんは、感銘にひたるだけで、胸の奥、腹の底までにおいを吸いこむだけで飲もうとはしない。みんなが古老からまわされたサカズキで、深々とハナザキの香気をかみしめた。

戦後における泡盛の再生の風景である。いや、これは民百姓の手による泡盛づくりの初めての体験でもあったろう。こうして集落のなかでつくられた泡盛は、酒屋そっくりのうまいものからこげにおいのするものまで、味はさまざまだったが、人びとは自らの手による酒を安心して飲み、うたい、踊り、戦争を生きぬいたよろこびをかみしめたものだった。

■試練に直面する泡盛

一つの集落において、戦争を生きぬいた人びとが、自らの技法で泡盛をつくり、そのできばえをたのしむ時代は全く短い期間でしかなかった。敗戦から五年目の一九四九年、沖縄における米軍の占領体制も整い、住民対策が確立するようになったため泡盛醸造業も認可制となった。これと同時に、各集落における泡盛の自造は、密造とされたわけである。各集落では、それでもひそかに酒をつくっていたが、役人の集落への出入りが頻繁になり、集落内部からの密告もあったりして、ついに泡盛の自造を断念せざるを得なくなった。

その後の泡盛は、古都首里を中心に、各市町村、各字ごとに業者が醸造を開始したが、その前途は多難であった。戦後沖縄には、泡盛の「敵」が余りに多かった。朝鮮戦争で米軍の出撃基地となった沖縄は、その後米国の世界戦略の極東における拠点とされ、巨大な核戦略基地と化した。アメリカを勝利なき泥沼に追いこみ、ついにその経済力さえ消失させたあのベトナム戦争も、沖縄がその主要な出撃基地であり補給基地であった。米軍が沖縄の巨大な基地に持ちこんだものは小銃から毒ガス、核兵器、B52機にいたる兵器だけではなかった。米軍は大量のウイスキー、ビール、タバコを持ちこんだのである。

戦後沖縄の経済は、基地経済といわれ、米軍とそれが任命した仮象の琉球政府が制定した法律や布令による経済制度を昼の制度とすると、基地から米軍兵士やこれと関係する女たちが持ち込む物資の流通は、夜の経済制度として、沖縄経済の破綻をくい止める重要な役割を果していた。この経済の二重構造のなかを大量に流れていたのがスコッチでありバーボンであった。すでに人びとは敗戦後の収容所でアメリカの物資の豊かさに驚嘆し、アメリカ崇拝者となっていた。口にはアメリカ煙草を銜え、ベーコンを食べ、祝いの酒座でもウイスキーがくばられる。バー、おでん屋でも、税務署の検印のあるビンにつぎつぎ闇の洋酒が補給される。その頃、沖縄から東京へジョニー黒一本を持ち出すと、旅費がそれで足り、本土への留学生もウイスキー一本で一月の滞在費をつくったという。

わが泡盛は、島《シマー》、島小《シマグヮー》、バクダン、島ザキなどと蔑視され、祝いの座や都会の夜から消えかかっていた。僅かにコカ・コーラと泡盛を割って、コクハイとして飲みつがれる程度であった。この時代はまさに泡盛が試練に直面したときである。この試練の時代を生きぬいた泡盛の生命力はどこにあったか。それは、泡盛と島の人びとの生活の深い結びつきであり、泡盛以外の酒類では絶対に対置できないその用途にあった。つまり、神と人間の交流に必要な神酒、人間の神への祈りを伝えるのに必要な神酒は泡盛以外にはない。各集落の年間の行事、海、田畑への祈願から人間の出生、婚姻、成人祝い、葬祭に必要な神酒は泡盛以外には使用しないという、島の人間と泡盛の深い関係が洋酒、日本酒攻撃から泡盛を守ってきたのである。

■泡盛の復権

今日、泡盛は名酒として見直され、祝いの座では神々や祖霊へ供える神酒としてばかりでなく、集った人びとがこれをまわし飲みするようになった。都市の夜でも泡盛と琉球料理の専門店が増え、全琉の泡盛の銘柄が並び、琉球王朝時代の御用酒の系譜をひくものから宮古、八重山、伊是名、伊平屋の離島の酒まで、好みによってその味をたのしむことができる。

泡盛の復権とでもいえよう。しかし、それにも時代的な背景がある。一つには、泡盛を沖縄人のアイデンティティ究明の結果として、南島人の歴史的な主体性を探る過程で、沖縄の独自性が発揮された産物として再発見したということである。ビールや洋酒、日本酒を排斥し、泡盛に琉球弧の風土を生きた人間のアイデンティティをもとめる味の民俗学が登場したわけである。とくに、一九七二年の本土復帰によって、沖縄は政治、経済の制度的な日本への一体化だけでなく、その固有な風土や産物まで押し潰され、沖縄崩壊の危機が認識される過程で、人びとの泡盛回帰がはじまったわけである。もう一つは、観光産業として、郷土物産の振興策があり、年間一五〇万人もの観光客が、泡盛と琉球料理をもとめて那覇の夜をにぎわせているからでもある。さらにもう一つには、戦後沖縄の変貌がその背景にある。つまり、ベトナム戦争ですっかり国力を消耗し、ドルの威信を失った米軍基地は、物資放出の力を失い、米軍兵士たちも夜の街へ出入りすることがなくなった。ドルを持たない兵士、値打のないドルを見せびらかしても女たちがつかなくなる。米軍についた女たちをとおして大量の酒、タバコが夜の市場に流通することもなくなった。それに加えて、復帰後は、日本の税関のきびしい摘発と監視が続く。さしもの基地経済、二重構造の経済も日本の官憲にかかっては崩れるほかはない。このような要因で、泡盛が主役となっている。したがって泡盛が主役になる背景には、沖縄の歴史、文化、風土への固執、本土復帰により、日本の政治、経済に画一的に包摂され、独自性を喪失しつつある現状への反発、旅行けば地酒をもとめる観光者たちの趣向など、さまざまな要因が増大しているせいだといってよい。

では、泡盛を沖縄回帰へのエネルギーとしてたしなむ人たちは、それをどのようにたのしんでいるのだろうか。泡盛の飲み方を紹介しよう。すでに触れたように、泡盛とは、蒸留してから三年未満、三五度以下のものをいい、それ以上熟成し、四十度以上もある泡盛は古酒《クース》としてそれとは区別されている。泡盛は、高級ウイスキーと同じで、水で割ってもその味はかわらない。とくに「蒸留酒はアルコール濃度が高いほどあま味が強くなる」(坂口)ので、泡盛の古酒は、琉球焼の小さなチョコで少量を口にふくみ、そのあま味がまるくとけるのを冷やした水でのどもとへ誘導するのがよい。普通の泡盛だと、カップに氷を山盛りして、その上からたっぷりと泡盛をひたし、氷がとけだしてから飲むことである。

この古酒や泡盛に、豚の耳皮《ミミガー》の酢のもの、イラブチャー（ぶだい）のみそあえ、海亀の刺し身などをそえたら、泡盛と豚の文化圏を生きてきた南島人の根所にいることが自覚されてくる。この頃は、冬は湯で割り、夏には南島の香り豊かなシークヮーサー（ヒラミレモン）やミルクをまぜて飲むようにもなった。

■民衆のエネルギー

貧しく苛酷な自然条件、外圧に押し潰されながらもひたむきに生きてきた南島人の不屈のエネルギー、これを育んできたのはまさに泡盛であった。

酒飲《ぬ》でん六十
　飲まなてん六十
酒飲でぬ六十
　ましさやあらに

島の人たちは、ナークニと呼ばれる哀切な民謡にのせて、よくこの歌詞をうたう。酒を飲んでも六十、飲まなくたって六十、どうせ六十の人生なら、酒飲んでの六十がいいのではないかと、島の人たちは苦しい時代に泡盛を汲んでは自己を励まし、共同体の構成員を慰め合ってきたわけである。そして、泡盛をまわし飲みし、心地よい酔いが体中にしみわたると、自ら立ちあがってカチャシーを踊りだし、熱狂していく。豚のごちそうに泡盛、サンシン（琉球三味線）のうたにのせて、カチャシーを群舞する、これが南島人の饗宴である。

知る人の外に語らぬものや
　心慰める酒の甘味

泡盛の甘い味は知る人ぞ知るで、それを知らないものには言葉で語り伝えられるものではない。私の心を慰めてくれる泡盛のこのまるく甘い味を、こう島のうた人は詠んだが、この泡盛にも、日本の国家財政の赤字のツケがまわされてきて、その値段も高くなってきた。

明治の年代に、明治政府が泡盛からも収奪しようと高い税金を課したとき、島のうた人は、

上げゆらば上げれ須弥の頂《つじ》までも
　飲みへらち見せら海の底までも

と、民衆から酒を収奪するものを憎悪し、酒の代を上げるなら須弥の山の高さまであげてみろ、そ

んな悪政に負けてたまるか、おいらは海の底までも飲んでみるぞとやり返したものである。権力が琉球の民衆の酒・泡盛に高い税金をかけ、これを民衆から遠ざけるとき、民衆は、自らこの泡盛をつくり、この苦難な年代の枕酒、懐酒にするにちがいない。

さて、琉球の泡盛は、去年からイタリアへ輸出されだした。あの情熱的なイタリア人がどのような表情で、どのような飲み方で泡盛に酔い、どんな声でサンタルチアやカンツォーネをうたうか、それを想像した場合、泡盛で結ばれたイタリア人が酒兄弟のように親密に思えてくる。

〔伊礼孝〕琉球大学国文科卒。
著書『チョルンの歌』（協栄印刷社）、『沖縄・本土復帰の幻想』（共著、三一書房）。
住所＝沖縄市字越来三六四

V 村に、湧きたつ哄笑と空想を！

――濁酒のある生活の復活――

川村光夫

■「どぶろく農民の墓」

昔から農村社会における共通の話題は、農業、とりわけ稲作に関すること、軍隊生活の体験談、明けっぴろげの猥談、そして濁酒（どぶろく）をめぐっての税務署相手の武勇談ときまっていた。ところが近頃は農業に関する話に昔のような熱意が感じられなくなり、軍隊生活での体験談も色あせた。猥談にいたっては雑誌やテレビに株をとられてこちらは聞かされっぱなしである。濁酒をめぐって税務署員とわたりあった数々の武勇伝も、もう遠い昔の物語となりつつある。濁酒そのものが村から消えそうだからである。

昔はよく大声でわめいたり、臓腑までみえるような大口を開いて笑ったりする人がいたものである。近頃は滅多にそういう人とお目にかかることがない。昔と比べるとみんな言葉すくなで伏目がちである。村ではおとなしすぎる者を蔑視して、「借りてきた猫」というが、いま私たちはみんな借りてきた猫のようになりつつあるのかもしれない。

私は酒をほとんど口にしない。だが何故か濁酒に関する劇台本を二本も書き、自分が属する地域劇団、岩手・ぶどう座で上演している。その理由は私にだってわからない。だが、あの強烈な匂いを発散しながらふつふつと発酵し続ける濁酒が、どこやらわが先祖でもある百姓たちの生き様にも似て、引かれるらしいのである。そういうと回顧趣味的に思われるかも知れないが、そうではない。これからを生きるためにこそ、私たちにはあれが必要なのではあるまいか。

大正五年六月二十五日付「秋田魁新報」は、「密造検挙の四税務属重傷一名は生死不明」という見出しで、これから述べようとする秋田県猫之沢における濁酒事件の第一報を報じた。翌二十六日の見出しは「一条の血の雨、税務属襲撃の詳報、二名は生命危篤」、二十八日は「暴行の動機、濁酒々造に関係なく妻を辱かしめられたるため」と続き、同年十月二十日付の同紙は「騒擾事件判決」という見出しで次のように報じた。

「河辺郡船岡村猫之沢に起れる騒擾事件は永らく審理中昨日判決ありたるが、主謀者五十嵐七蔵、同鉄之助は懲役六年に同角之助、斎藤留吉、五十嵐鶴吉は懲役五年に田村金蔵、五十嵐松太郎、斎藤辰蔵、石田長蔵、田村兼蔵は各懲役一年に……」

総勢二十七名中無罪二名、罰金十五名、懲役十名という苛酷なものだった。

私はこの事件を「税務署側の資料によって書いた」という真壁仁氏の『東北農民濁酒密造記』で知り、わが劇団の上演台本執筆を目的として、現地を訪問した。昭和四十六年のことである。秋田県中央部、秋田市と大曲市の中間に位置し、秋田平野から船岡川をさかのぼってやや山地に入りこむ形の船岡村は、合併して協和村に名前をかえていたが、村の中央から十キロほど山地に入った戸数二十戸ほどの猫之沢は、事件の様子を想像させるに未だ充分の景観を残していた。

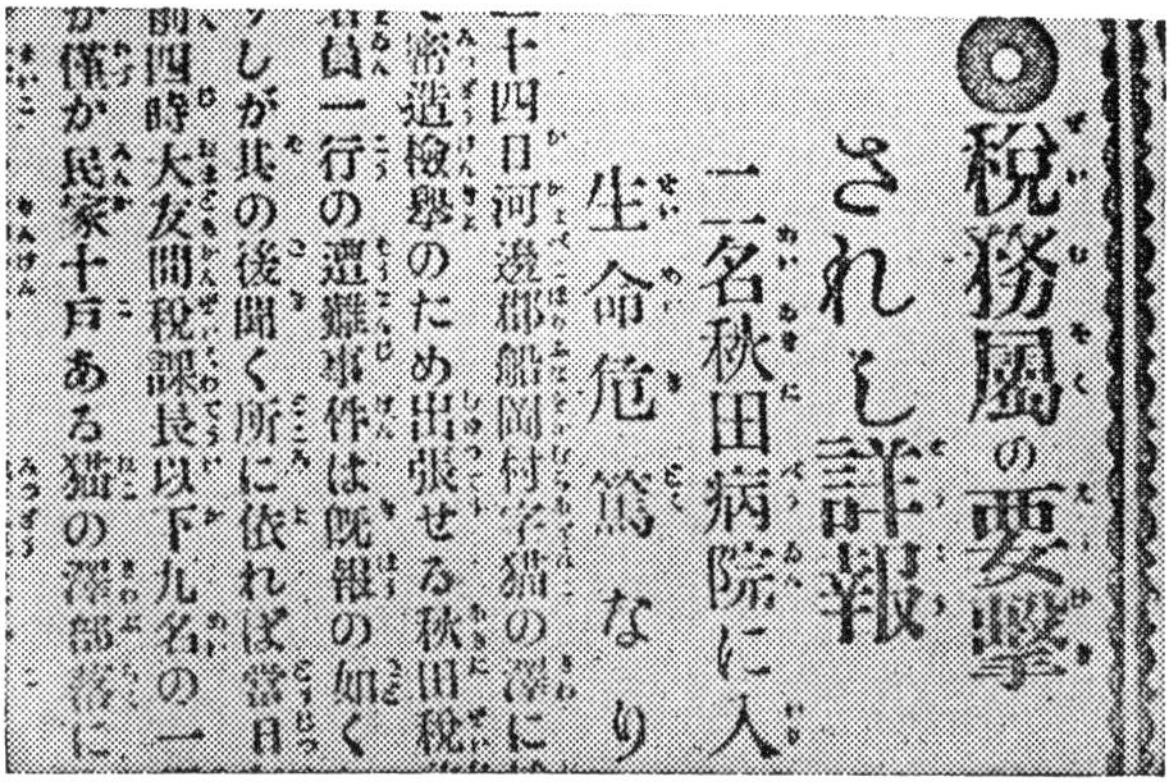
◉税務屬の要撃されし詳報
二名秋田病院に入
生命危篤なり
十四日河邊郡船岡村字猫の澤に
密造檢擧のため出張せる秋田税
署一行の遭難事件は既報の如く
りしが其の後聞く所に依れば當日
前四時大友間税課長以下九名の一
が僅か民家十戸ある猫の澤部落に

猫之沢事件を報ずる「秋田魁新報」の記事

六十年も前のこの事件を知る人は少なく、知っていても村人は口を鎖して語りたがらなかった。見知らぬ他所者に自分たちの秘密を話してはならない、そう思う心の裏側には、わかってはもらえぬ口惜しさがこめられているのだろう。たずね歩くうちにこの事件の主謀者とされた五十嵐七蔵さんの家にたどりついた。七蔵さんはもう亡く、息子でやはり五年の刑をうけた角之助さんも亡くなり、七十歳ほどとお見うけした角之助未亡人セキさんにお目にかかることができた。セキさんは淡々とした語り口だった。

「あの頃の猫之沢はなす、長井まで出張るでえば、ダワダワでえ一本橋を手つないで歩たなだす。……山の中であったんすな。事件の起ぎだあの日は、ツヤツヤでえ雨この降る日であったす。六月だから四時ってば夜が明げる。まだ暗かったから三時頃であったすべ……」

田植も終ってほっと一息をつくある日の未明、猫之沢の家々の戸が秋田税務署大友間税課長以下九名の手によって荒々しくたかかれていた。驚いて戸を開くと、「酒税」たちは土足で屋内になだれ込んだ。密造酒摘発である。だがこの時には猫之沢中探しても一滴の濁酒も発見されなかった。一説によると前夜のうちに「酒税来る」の情報を手に入れた若者が、馬を走らせて急を告げ難をのがれたという。ともあれ税務署側では、課長以下九人の署員を派遣したにもかかわらず、獲物ゼロでは面目を失ったのは確かである。やがて彼らは猫之沢を引きあげ上流の庄内へと向った。だがそこでも目的の品は発見できなかった。そこで再び猫之沢にひきかえし、白山神社で夜明けを迎えた。白山神社というのは、猫之沢西側の山腹にある小さな神社である。ここからは猫之沢が一望のもとに見渡すことが出来る。いい場所を選んだものである。きっと彼らは、ここから夜明けの猫之沢の様子を監視していたにちがいない。彼らの予測では、昨夜の手入れで農民たちは密造酒をいったんは隠したものの、税務署が帰ったと思ってまたそれを運び入れるにちがいない。そう思っていたのである。

折しも一人の農婦が、田の水を見廻るかのようにその辺りを徘徊するのを発見した。「それー」と色めきたった税務署員たちは、農婦をとらえて「密造酒のありかを白状せよ」とせまった。この光景を遠くから見た夫鉄之助は激こうして駈けより、税務署員になぐりかかる。これが発端となって農民たちと税務署員たちの乱闘が始ったのである。この時運悪く、農民たちはそろって山へ出かけるため、銘々が造林用の大鎌を持っていた。乱闘となるとこれが使われる。そのため被害を大きくしたのである。たたかいは勿論税務署側の敗ぼくで終ったが、大友課長と切田属は肩などを切られて人事不省。これが前述の新聞見出しでは危篤と誤り伝えられた。ほかに二名の署員も負傷。四人は無傷のままのがれた。おかしいのは前述新聞見出しで一名は生死不明と伝えられた某は、山を越えて難をのがれ、しばらく現れなかったため生死不明とされたのであった。

たちまちこの事件は「税務属刃傷事件」と名づけられ、警察の手が入れられた。まずはじめは猫之沢農民八名が拘引され、さらに数日後には騒擾罪を構成しているとして総勢二十七人が検挙された。小さな集落なので一軒の家から二名も三名もの拘引者が出た。この話をしてくれたセキさんの家でも舅の七蔵は懲役六年、夫の角之助が五年、分家した七蔵の弟鉄之助七年、鶴吉六年というものだった。いわば猫之沢のめぼしい男たちはみな捕われの身となったのである。

同年十月十九日秋田地方裁判所判決。翌六年六月二十二日宮城控訴院判決。同年十一月三日大審院判決。最後の大審院も裁判長棚田愛七によって上告棄却の判決言渡しとなったのである。農民たちが税務署員に傷を負わせるという事件は、いかなる理由があっても許してならないことだったのだろう。

こうして農民たちは一審通り服役することとなる。

だがここに一人、五十嵐鶴吉だけは極端に監獄入りを恐れた。彼は以前、国有林を盗み切ったという罪で、二ケ月間監獄に入った経験があった。今度が二度目である。二度目の監獄づとめがどんなにつらいものか、彼は知っていたかもしれない。どうしても獄に下ろうという気にはなれなかった。

彼は意を決して逃亡をはかった。鶴吉四十五歳。長男金栄十六歳の年だった。私が猫之沢をたずねた時金栄さんは七十歳で、老人クラブの会長などを勤め信望

事件の中心人物とされる五十嵐七蔵・角之助の家

を集めていた。

鶴吉はまず二百五十円で牛を売った。そのうち六十円を借金の返済にあて、五十円を女房に与え、自分は残りの百四十円をふところにして家を出た。朝九時、国鉄奥羽線「うごさかい」の駅から出発する父鶴吉を、金栄さんは人目をさけて見送ったという。列車が動き出すときの父の顔は「ちょうど死んで行く人が眼を落す時のようなものであったす」と回想する。父親は一言「借金取りが来たら言いわげでおけよ」と言ったという。これが親子の最後の会話だったのである。

その後朝鮮の安東県というところから一度偽名のハガキが届いたが、その後の消息はないという。「なんでも田島という材木山師と一緒だったということや、馬賊に襲われて金をとられた、というような事を人づてに聞いたこともあるが確かではない」という。

ところで驚いたことには、その消息不明の鶴吉の墓が、昭和二十三年十月二十日を命日としてちゃんと猫之沢の墓地に建っているではないか。たずねてみると、金栄さんが、母スマの命日をそのまま父の命日として、私が建てました、という話だった。なるほどそうか、と合点がいった。そして私は、この劇の題名を「どぶろく農民の墓」にしようと、この時決めた。

歴史的土地というものは、京都や奈良や鎌倉のようないわゆる名所旧蹟という所だけだと私たちは思いがちである。自分が住んでいる足元の土地は、歴史などとは関わりのないただの土地だと思っている。だが私は猫之沢事件を調べているうちに、いたるところ民衆の歴史的風景ならざるはなしだと思った。そこには多くの人の汗や涙がしみこんでおり、ささやかな生存すら全うすることの出来なかった人々の無念がこもっている、そう思わされた。

財をなし、名をあげ、仕事を完結して世を終る人には墓などいらない。無念のうちに世を去った人のためにこそ墓は建てられるべきだ。いや、墓はその人のためというよりも、後の人が、その無念を自分の前に置いて生きるために、その無念さを記憶するためにこそ建てらるべきだ。そう思ったのである。

いたるところ歴史的風景ならざるは、という思いは、税務署員が集結して夜明けを待ったという白山神社に登ってみて、さらにその感を深くした。うす暗い社殿に眼をこらすと、そこには明治三十何年かにこの神殿を改築した際、寄附金をよせた人の氏名を書いた木の札が掛けられていて、その中には七蔵も鶴吉もみんな名前が出ている。共に二十代のなかばであっただろう。暗い場所にあるためか板も真新しくみえ、墨の色もあざやかである。それから二十年ほどして大正五年、税務署員たちは夜明けをまちながら、この札をみたはずである。あるいは今私が立っているこの場所、境内の巨杉の間から、眼下に広がる猫之沢をみていただろう。再び社殿に眼をうつせば、事件以後になって奉納された絵馬も数多い。事件以後の労苦に耐えながら、彼らは何を念じてこの絵馬を奉納したのだろうか。ここにおり重なっている農民たちの歴史、そう思うと、私は何かに足もとからつき動かされるようなものを感じたのだった。

この事件に関わった人々のその後には、さまざまな運命が待っていた。「あんたは口に花を咲かせ、ふところに短刀を呑んでいる」と裁判長をあきれさせたという元気者七蔵も、出獄後数年して死亡した。監獄生活がよほどこたえたのでしょう、とセキさんは言う。その子角之助は、昭和十四年日本の国がいよいよ太平洋戦争に突入しようとする頃、「あんたのような人が先頭に立って国のために働いてもらわなければ困る」という駐在所の巡査のすすめに従って村会議員になり、軍事用松根油の原料としての松の根掘りや米、金属の供出など、熱心に働いたが、敗色濃い昭和十八年、五十五歳で世を去る。もう一人の兄弟鉄之助は、生来のドモリがますますひどくなり、屋根柾づくりを業としてひっそりと生きていたが、戦後を迎えた昭和二十二年に死亡する。彼は死を前にして甥の金栄さんの手を握り、うわ言のように「油断するな、油断するな」とつぶやいたそうである。その時になっても三十数年前の事件が彼の脳中をかけめぐっていたのだろうか。それとも、苦難の人生から学び得た教訓を齢若い甥に伝えようとしてのことだったろうか。ともあれ彼の「油断するな」という言葉は、農基法以後の農民にとって、ぴったりの教訓となったのは御承知のとおりである。

■「いんぺ」対「さがらため」

「どぶろく」略して「どぶ」これが濁酒の全国共通語だろう。ためしに方言辞典を引いてその周辺の言葉を探してみると、以下のようになっている。

「どぶ」＝ため池（富山）、ぬかるみ（山梨）、どろ（鹿児島）、ぬかみそ漬（山梨、静岡）。続いて「どぶざけ」＝（滋賀）、「濁酒」＝（山口）、「どぶろく」＝大分となっており、別の項には「どぶる」＝「踏みまぜる」（愛媛）、「雪道に足が埋まる」（新潟）とある。もうひとつ「どぶろく」というのがあるが、なんとこれが「地鼠」のこととある。山口県柳井の方言だという。こう並べてみると、なんとなくみんな濁酒の親類のように思われてくるからおかしい。

秋田県では「ふくろ（梟）」「いんぺ（隠蔽）」というと教えてもらった。夜になるとらんらんと眼を光らせているあの図体の大きい鳥の梟に例えたのも面白い。あの鳥は動作はのろまだが、ひとたび鋭い爪につかまれると、あまりの強烈さに気を失う者もあるという。そこのところも良く出来た濁酒のような強烈なパンチというわけである。

「しろ」とも言うがこれは色からくるもので、清酒を「あか酒」というのに対する言葉だろう。私のところでは、やさしく「めぐりざけっこ」と呼ぶ。「濁り酒」が転じて「めぐり」になったのだろう。

以上のような一般的呼名のほかに、それぞれの家特有のニックネームがある。「やぶの友」という銘柄は「稲の友」という清酒の商品名をもじったものだろう。薮の中に隠して置くから「やぶの友」となった。「沢光」は自慢の沢の湧水を原料とする特産品というわけである。

こういう愛称のほかに家々には一種の暗号名がある。なにぶんにも世をはばかる出生なのだからやむを得ない。ある家では「かんけ」という暗号名で呼んでいた。不思議に思ってその出所をたずねると、なんのことはない、ある時その家の子供が間違えて「かんけ」と呼んだので、それをそのまま暗号名にしたという話である。暗号名をもたない家では「あれ」という代名詞で用を足す。「あれ持ってこいや」といえば「ああ、あれか」とすぐに秘密の場所からそれが運ばれてくるのである。こういった数々の愛称や暗号名は、いかに農民がこの飲物を愛してきたかという証拠のようなものだろう。

自然と深くまじわってきた農民たちは、鳥や獣に対しても時として人間同様に呼びかけたりすることがある。濁酒にたいしても同様である。濁酒の方もまた、発酵しはじめるとぶつぶつと泡を立て、生きものの様になってその一生を生きはじめるのである。大量に仕込むと、夜などやかましくて寝られぬほどだという。出来上った酒は初めは甘く、日を経るにしたがって酸味をましてゆく。村人は前者を若い酒、後者を年寄った酒、と人間の一生に例えてそう呼ぶ。それに強烈な匂いである。これがまたさまざまな挿話を生むもとになるのである。濁酒を持運ぼうとするとこの匂いですぐわかってしまう。匂いを出すまいとして密閉し、持運びの際にそれを揺すりでもしようものなら大変なこととなる。爆裂弾のように容器の蓋をとばして中のものが噴出するからである。そのため人々はビンに入れたら藁で栓をして静かにそっと持運ぶのである。戦後の一時期、あついゴムの氷枕につめて持運ぶ方法が広がったことがあった。これなら多少の膨張には耐えられるからうまい工夫だったと思う。

醸造中もこの匂いをさとられぬよう苦心した。そのため隠し場所として梁の上が選ばれた。この辺りではどこの農家にも梁の上という二階構造の物置きがあって、そこは藁などを貯蔵しておく場所になっている。玄関を入ると土間があり右手が厩《うまや》になっているが、その厩の上が梁の上で、そこへ登るには土間から垂直に立った梯子があるだけである。ここに隠しておくと匂いが上にぬけるためみつからぬと考えたのである。若しそこへ税務署員が登っていっても藁がぎっしり積んであるため、探すのに手間取る。あわてて藁の中から探そうとすると、刃のついた農具があったりして怪我するおそれもあった。だが中にはその垂直の梯子を登ってゆく勇敢な役人も勿論いた。ある家では困ってしまい、とっさに唐がらしを火にくべた。村では獣などを穴から追い出すために「いぶりだし」という手段をよく使う。その中でも唐がらしによるものは最も強烈である。それをやったのだからたまったものではない。役人は眼がくらんで梁の上から転落重傷ということになった。私の住む岩手県湯田町で、大正の時代に実際に起った事件である。驚いたその家の主は、その日のうちに家を出て北海道にわたり、十数年を経て時効が成立してから家に帰った。

このほか匂いを消す隠し場所としては厩の床に穴を掘るなどして隠した。やはり厩肥の匂いのため発見をむずかしくしたのである。加えて厩には馬がいるから、不なれな役人は仲々近づけないこともあったようである。ほかの隠し場所としては川のそばが選ばれたりしたが、これは例の音が水音に消されるという利点もあったろうし、いざという時には川へ流して難をのがれるということも出来たからだろう。ある家ではとっさに寝室に持込んで、若い嫁さんにカメをだかせて布団をかけ、うんうんうならせて陣痛だと偽り難をのがれたという話もある。

今日でも農村の暮しは、都市生活者と比べると低い。かつての百姓の暮しはましてのことだった。例えば猫之沢事件が発生した大正の初めという時代を考えてみよう。五十嵐金栄さんは当時のことを次のように語る。

「あの頃の百姓のくらしは大変なものであったす。おらだは自分でとった米は売って、外国から入ってきた安い米を買って、そうして暮しをたてでできたもんだす。赤い米でうまぐない米であったす。それでもその米を食えればいい方であったすなあ」

岩手県遠野の人で、柳田国男に遠野物語のもとの話を語ったことで知られる佐々木喜善は、大正三年に書いた戯曲『春の憂欝』の中で、「汽車がかかってラング米が一升十九銭」というセリフを書いている。金栄さんの言う赤い米である。その頃の米価はといえば、その四年前の東京市場の高値が二十五銭。その四年後の大正七年には米商人たちの米の買占めによって値が上り、九年には五十四銭という高値を記録する。高い内地米を買えない貧しい農民たちは、自分で作った米は売り安い外米を買ってたべていたのである。昭和初年の調査では米作農家四六九万戸の半分近く、二二七万戸がこういう農家だったという（山崎春成『村の歴史』）。

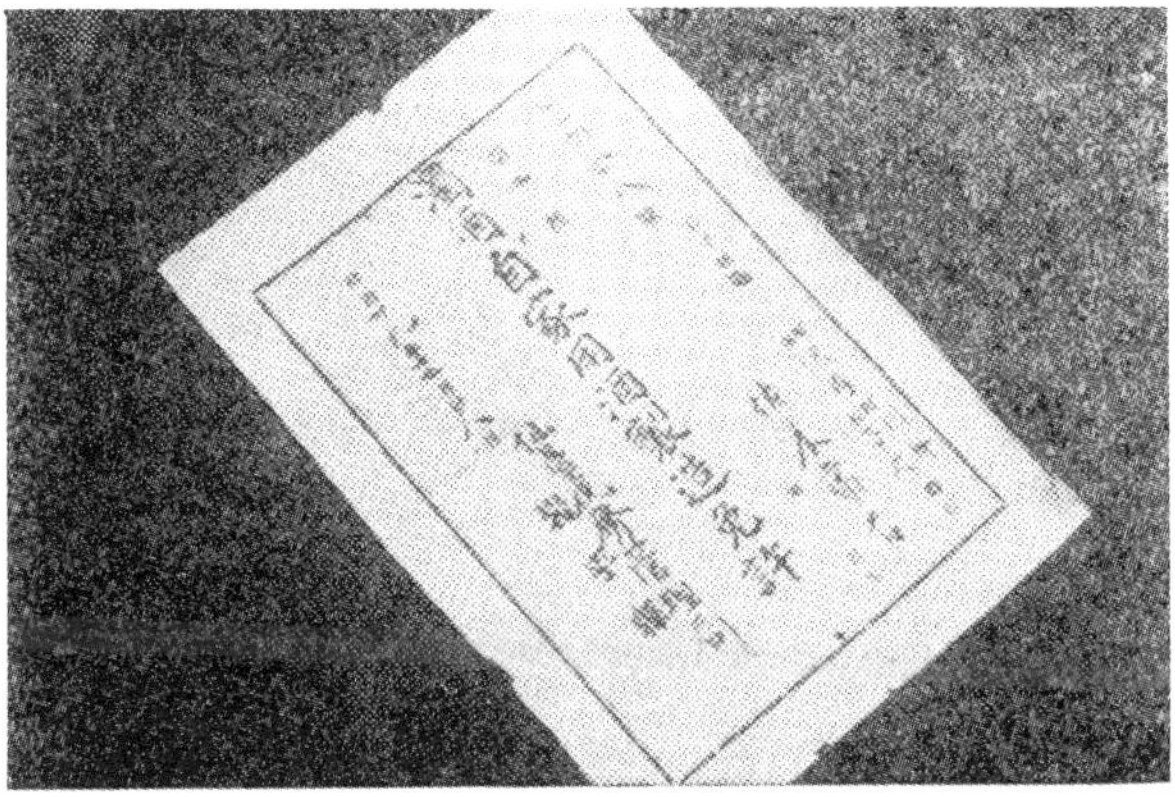

明治29年に発行された「濁酒製造免許証」

そういう経済状態では酒をのみたくとも高価な清酒はとても買えなかった。だから濁酒をつくった。だが国家は酒造税法によってそれを禁じた。税収入をはかるためである。こうして濁酒は地下にもぐることになったのである。若し発見されれば罰金、それが納められなければ監獄に入って労役に服さなければならない、と定められている。

以上述べてきた数々の挿話は、百姓たちと税務署員との知恵くらべみたいな、どこやらユーモラスな光景のようにみえようが、内実はそんなのんびりしたものではないのである。にもかかわらずそれがユーモラスなものとなっているのは、この話を伝えた百姓たちが、激しい争いの中にも一種のゆとりを忘れなかったからだろう。自分たちの行為を遠くからみつめる冷静な眼を持っていたからだろう。

さてこの密造酒摘発のための税務署員を、村人は「じゅぜ（酒税）」「ぜむしょ（税務署）」「さがらため（酒改め）」、中には「鬼っこ」とも呼んで恐れたり憎んだり恨んだりした。昨年秋は山ぶどうが豊作だったというが、早速隣村にこの「さがらため」がやってきたという。山からとったぶどうであってもぶどう酒をつくれば違法なのである。村の人たちは「奴らのボーナスを稼ぐどこだべ」と笑う。

「さがらため」がやってくるのは、多くは密告によるといわれる。その密告の主はどうやら酒屋らしいと村人は言う。なるほどそれも一理ある。濁酒づくりが広がればそれだけ清酒が売れなくなる。さしあたり困るのは酒屋だからである。

いまはモータリゼイションの世の中だから、どんな僻地の村へだって、どんどん他所の人が入り込む。服装だって村の人も都会の人も色や形はあまり変らないから見わけがつかない。だがかつての村は、他所から人が入ってくるとすぐわかったものである。ことにも「さがらため」は、見なれぬ服装をしてステッキのような棒を持っているから、駅に下りたとたんに見破ってしまうのである。その棒はあやしい個所に突きたてて濁酒を探索するためのものである。

「来た！」というだけでそれが誰れであるかがすぐ察しられて、情報は驚くべき早さで村中に伝わる。猫之沢事件では馬をとばして急をしらせたというが、眼くばせをしたり旗をふったり、様々の方法が使われる。戦後の昭和三十年代には有線放送というものが普及した。「来た！」ということになると有線放送本部では、直ちにそれまでの放送を中断して、ボリュームをいっぱいに上げて軍艦マーチを流して急を知らせたという話が残っている。

しかし敏腕な「さがらため」は、そういう情報の網の目をのがれて、突如として村に現れることだってある。そうなると忙しくなる。品物を隠したり、流したりしなければならないからである。そのためには時間がいる。そういう時には誰れかがおとりになって時間かせぎをやるのである。いかにも濁酒が入っていそうにみえる手桶などを下げて、「さがらため」にみつかりやすい場所をかけ廻ってみせる。てっきり濁酒を隠すところと思いこんだ役人は後を追う。この場合つかまりそうでつかまらぬ距離を保って、なるべく役人を引きつけることが肝要である。

しかもこの場合かけ廻る場所が、泥をぬりたてたばかりの田植前の田圃の畔（くろ）だったりすればさらに愉快となる。何故かといえば泥をぬりたてた畔は足がぬかって、慣れぬ者には歩かれたものではない。引返そうにも身体の自由がきかず、一歩誤れば田圃の泥にはまることとなるからである。村ではおかしな腰付を「カラスがなま畔わたる様」とひやかすが、彼もそんな格好をしてしばらくは村人の笑いに耐えなければならなくなるのである。

■宮沢賢治「税務署長の冒険」

そうまでして何故近年にいたるまで濁酒づくりがなくならぬかといえば、前述したように貧しいために清酒が買えぬという農民生活の現実があったからである。ところがあれほど盛んであった濁酒づくりも、高度成長政策最盛期の昭和四十年代に入るとめっきり減りだして、いまでは珍しい存在となってしまった。農民生活もようやく、清酒やビールを口にすることが出来る程度に向上したからである。だが一方では、消費生活にまきこまれた農民たちは、従前のような収入では間に合わなくなって、規模拡大、ハウス園芸などへと取組むことになる。それが出来ぬ小規模経営農民は、男も、そして後には女も、出稼ぎや日稼ぎに出るようになった。そうなっては濁酒づくりなどやっている暇がなくなったのである。

ある農婦は言う。「亭主が、たまには作れって言うが、とてもあんな面倒なものを作る気にはなれない」。それよりは日稼ぎに出て金をとって、それでビールでも酒でも呑んだらよかろう、というわけである。だがどうだろうか。そういう簡便な生活へ向いつつあるうちに、何か大事なものを失ったように思われるのだが、それは私ひとりの感傷というものだろうか。

前にも述べたように、かつてはそれぞれの家にはそれぞれ自慢の銘酒があった。その自慢のものをつくるため、それぞれは研究を重ねたのである。例えば酒の素でも、かゆをたいて麹を混ぜて発酵させる「つけもと」、野生の花を原料とする「はなもと」、そして最近のイースト菌利用と様々である。しかもそれはつくる人によって微妙に変化する。その様々な酒の素をそれぞれの家ではわけてもらって自分の家の酒を仕込む。その出来ばえは千変万化というわけである。

酒を醸造する容器もまた様々である。瓶を使ったり樽を使ったり、その樽もまた様々で、材料の木の香が酒にうつって一種の風味をつくるといって吟味された。だが樽の場合は雑菌が入りやすくて苦労する。そのため蒸気で蒸したり灰で洗ったり、雑菌が繁殖しにくい寒中に酒を仕込んだりするのである。寒中に仕込む酒を「寒づくり」といって珍重した。この酒は雑菌が入らぬから長持ちする。そのため春の田植時分まで保存して、くる人みんなにふるまい自慢したのである。瓶の方は陶器なので消毒は楽だが、そのかわりいざ「さがらため」という時には重くて運ぶのが大変という難点があった。

濁酒製造に利用した大がめ

濁酒は手間がかかると農婦たちをなげかせるのは、醸造した酒を漉《こ》さなければならないからである。これが長時間を要するのである。普通は前の晩に醸造した酒を麻の袋に入れ、一つ目とよぶ木製の直径七、八十センチもある大きな皿のような容器にのせ、上に重しをしておくと翌朝までにしぼられ酒になるという方法をとる。一つ目というのは真中に穴が一つあいているから一つ目で、しぼられた酒はそこから下の容器に落ちてたまるようになっている。丁寧な家では麻のかわりに和紙を使った。時間はかかるがそれだけ澄んだ上等な酒をつくることが出来るからである。

こうみてくると、酒づくりは民衆が伝えてきた一つの技術、文化ではなかろうかと思わされる。その技術、その文化を今こういう形で失ってよいものだろうか、という疑問が私の中から消えない。

岩手県花巻の人、詩人宮沢賢治は、一般に禁欲的生活を貫いた人として知られている。「藤根禁酒会へ贈る」という詩の中で賢治は次のように言う。「酒は一つのひびである、どんなに新しい技術や政策が豊かな雨や灌漑水を持来そうと、ひびある田には冷たい水を毎日せわしくかけねばならぬ」。貧乏のどん底にありながら酒におぼれ、さらに破滅的生活へと下降してゆく農民たちを、彼は黙って見すごすことが出来なかったのだろう。

その賢治が一方では「税務署長の冒険」という一風変った童話を書いている。童話というより諷刺小説といった方がよいかもしれない。村人と税務署とが濁酒をめぐって対立する事件を、税務署長の側から書いたものだが、どこか現実ばなれしていてユーモラスである。今日のSF小説的な空想性もある。

話は、「イギリスの大学の試験では牛（オックス）でさえ酒を呑ませると目方を増すといいます」にはじまる濁密防止講演会における税務署長の型やぶりの演説で始まる。さらに署長は、聴衆である農民たちを挑発するかのように次のように続ける。「濁密をやるにしてもさ、あんまり下手なことはやってもらいたくないな」くだけた口調である。「なあんだ、味噌桶の中に醪（にごりざけ）を仕込んで上に板をのせて味噌を塗って置く。ステッキでつついて見るとすぐ板が出るではないか。厩の枯草の中にかくして置く、いい馬だなあ、乳もしぼれるかいと言うと顔いろを変へているる」と痛烈にやるが誰れも反応しない。どうも今日の講演会はおかしな空気なのである。講演会が終ると税務署長の歓迎会が開かれる。名誉村長に村会議員、それに無類の酒好きのため「樽こ先生」とあだ名される校長と、この村の有力者全員がそろった。宴がなかばになると、それまで使用していた地元産の銘酒「イーハトーヴの友」でもない「北の輝」でもない不思議な味の酒が廻りはじめる。しかもそれは少しも濁っていないから、濁酒ではない。ではこれは何だろうか、この疑問から署長の冒険は始まるのである。まずデンドウイ属に命じて、ユグチユユモト方面を探索させるが成果はあがらない。このデンドウイもユグチユユモトも、ともに近在の地名である。賢治はよく既知の地名を使いながらそれを架空の世界のものらしくする手法を使った。イーハトーヴ（岩手）もセンダード（仙台）もトーキオ（東京）もそうである。この場合もそれが使われ作品に空想性を与えている。

デンドウイ属の探索が効を奏しないと知った署長は、自から探索に出かけ、途中様々な苦心の末、遂に秘密の醸造工場を発見する。窓をこじあけて忍びこむと、そこには二十石入の酒樽が十五本ばかり並び、ビューレットも純粋培養の乳酸菌もピペットも、なにからなにまで実に整然と並んでいるのである。つまりここは、同じ密造酒であっても、明るく衛生的につくる場所だったのである。驚いてあたりを見廻すうちに工場の職員に発見され、署長はあわや炭焼ガマに入れられて焼き殺されそうになるのだが、その時かけつけた部下職員と警察官に助けられ、逆に工場関係者は全員逮捕される。ところが捕えてみるとこの工場の経営には、あの名誉村長や村会議員、それに「樽こ先生」まで参加していたのである。つまりこの工場は、この村は、日本の国にありながらその法律にしばられぬ秘密の場所であり、自立して酒を醸造する一種の独立国だったのである。

この作品が書かれた頃、賢治は一人の弟子を得ることとなる。山形県稲舟村（現新庄市）の豪農の長男松田甚次郎である。松田青年は新聞によって賢治の羅須地人協会の活動を知りこの日の訪問となったのだった。昭和三年のことである。賢治は松田へ、村へ帰ったら「小作人になりなさい。そして農村劇をやりなさい」と二つのことを教える。松田は終生その教えを守って演劇運動を続けたが、おしくも師同様若くして世を去る。その松田の上演作品の中に、「酒づくり」という松田自身の筆になる演目があったというが、残念ながら台本は現存しない。松田は熱心な禁酒論者で、街頭に立ってまでその害を説いたという。ところがこの劇は必ずしもコチコチの禁酒教訓劇ではなかったらしい。松田と共に運動したという新庄市の大沼栄さんは「舞台で濁酒づくりの工程を丁寧にみせたんだから、あれは松田先生の自給自足の精神を説いたものではなかったんですかな。あの劇は濁酒づくりの参考になったと思いますよ」と言う。

師弟が共に酒の害を説く一方で、酒のある農民生活をみつめ、そこから作品を生み出しているのは面白いことだと思う。

さて再び「税務署長の冒険」にかえるが、この小説のおしまいは、少々型破りになっている。あわやというところで助けられた税務署長は、反対に捕われの身となった名誉村長と並んで歩きながら、「今日は何日だ」と部下にきく。「五日です」「ああ、あれから四日か」署長は空を見上げる。春の白い雲がぼおっと出て、くろもじの匂いが漂ってくる。「ああいい匂いだ」署長が言う。「いい匂いですな」名誉村長が言う。ここで小説は終る。

「くろもじ」というのは楊子にするあの黒い皮のついたいい匂いの木で、昔は香料をとったものだという。ところで作者は何故この小説の終りの部分で、それまで対立してきた署長と村長の二人を並んで歩かせ、共にのんびりと木の香などをかがせるようにしたのだろうか。私は次のように想像する。二人は木の香をかぎながら、実は良く出来た酒の匂を連想しながら歩いていたのではないか。すべてが白日の下にさらされてしまい、税務署長の冒険は終った。もう二人はそれぞれの役を演じる必要はないのである。捕われの身も、署長の肩書もこの瞬間にはない。ここには裸身の二人の男しかない。この裸の人間の自由な目、それがこの作品をいつまでも新しくしているのである。

私たちは賢治の画いたイーハトーヴ酒造会社のイメージを、空想的だといって笑ってはならない。かつて村に湧きたっていた哄笑は空想という楽しみをいっぱい含んでいたではないか。いまや人々は「借りてきた猫」のようになってしまった今日、いっぱいの空想を含んだ哄笑こそが必要なのではあるまいか。

五十年も前の農村現実の只中に在りながら、賢治はみごとにその現実の中に潜む真実を摘出して今日なお私たちの前にそれを置く。これはいかにして可能だったのだろうか。言うまでもなく賢治のすぐれた才能あってのことだろう。だが私は思う。あの貧しく厳しい日々の中で、時には税務署員に追いつめられながら、あのユーモラスな数々の挿話を残した農民たちのことを。税務署ばかりか自分たちの姿をも冷静にみつめていたその目のことを。それがあって賢治の作品があったと言っても、すこしも賢治を傷つけることにはなるまい。

濁酒というものはこれまでも書いてきたように手数のかかる、やっかいなものである。だがそれだけに酒が出来上った時の嬉しさは格別である。表面に張ったかわをそっと除くと、底の方から澄みきった酒がじわじわと上ってきて、それがなんとも美しいと言う。これが「なかずみ」である。村人はその美味と強烈さをこよなく愛し、「これが本物の酒っこせー」と断言する。

これまでの数々の挿話の表面的面白さだけに引かれる人もいるかもしれない。だが重ねて言うが、それを生み出した民衆の生活はいつも厳しく苛烈なものだったということを忘れないでほしい。その生活の中で、やり場のない怒りがぐるぐる渦をまいて、ふつふつと発酵して、そして話は出来上る。それがまた濁酒の出来かたと似ているのである。どうしてこうも濁酒のある生活は様々のことを私たちに教えてくれるのだろうか。(写真撮影=川村光夫・越後谷栄二)

＜岩手・ぶどう座＞紹介

所在＝岩手県和賀郡湯田町。人口六千人、奥羽山脈の分水嶺にある山村。積雪二米。

劇団員＝役場課長、農協職員、退職公務員、大工、農民、教師など現在十一人。

歴史＝一九五〇年創設、以来三十年、岩手を中心にして年間五〜七回巡演。一九六一年、全国からの募金などで六米×十二米の稽古場を建設。一九六七年、劇団東演と提携公演（東京砂防会館六ステージ）。

筆者＝川村光夫は創立者の一人で、劇作と演出を担当。

第三部　ドブロクつくり全科

ドブロク・焼酎・ブドウ酒・ブランデー他

笹野　好太郎

以下の「ドブロクつくり全科」執筆に当たっては、『現代農業』編集部の多大なご協力とご教示をえた。お礼申し上げる。なお、コウジまで自分でつくれば申し分ないが、これには設備が必要であるし、工程も少し面倒なのでここでは省略した。どうしてもつくってみたいという方は、『手づくりの健康食品』（農文協刊・九〇〇円）という本が参考書として最適である。

コウジはスーパーにも常時置いてあるし、電話帳で探してコウジ屋さんから直接買うのもよい。東京の方なら、神田明神へお詣りしたついでに門前の甘酒屋さん（三河屋、天野屋）で購入するなども一法である。米コウジ一枚（三〇〇グラム）三〇〇円くらい。

以下の酒の製法上の疑問をただしたい、助言を乞うというばあいは編集部気付でお願いしたい。できるだけすみやかにお答えするつもりである。ではくれぐれも成功を祈る。

1　簡単なドブロクつくり

ドブロクを自分でつくる。実はこれがきわめて簡単。酒好きなら、おっくうがらずにぜひ一度はやってみるとよい。アルコール度が十分のコクのある酒ができる。それもそのはず、酒はほぼ自然にできるものなのだ。

テレビや映画などで、アフリカの原地人が手に手に穀物の入ったカメと水の入ったカメをもち、中の穀物を口の中で噛みつぶしてさらに水を含んで、交互に中央に置いてある大きな容器の中へ口の中のものを吐き入れる、という光景を見たことがあろうかと思う。あれが酒つくりである。口中の唾液によって穀物デンプンを糖化し、それに天然の酵母菌が働いて酒ができるというわけだ。

つまり酒つくりの原則は《**デンプンにコウジ菌を加える↓分解（糖化）されて糖ができる↓この糖に酵母菌を働かせると発酵してアルコールができる**》というだけなのだ。要するに酒つくりとは、コウジ菌と酵母菌の共同作業と憶えておけばよい。

手順の前にひとこと。ドブロクのつくり方は、味噌がそうであるように地方地方によってさまざまである。それが当然だ。秋田では地酒と言えばドブロクを意味していたくらい生活と一体になっていて、それぞれの家にわが家の味があった。だからここでは、ドブロク王国の称号を持つ秋田に敬意を表して、秋田の故老Aさんから聞いた製法を紹介しよう（筆者がその話をもとに実際につくってみて、ごく上等のドブロクができたことは言うまでもない）。

ではつくってみよう。仕込みの順序（でき上がりドブロク八升のばあい）は、次のとおりである。よくといだ米三升を桶に入れ、水四升を加えて三日ほどうるかす。そのとき、茶碗で二杯ほどの残りご飯をきれいな布袋に入れて一緒に浸しておく。一日一回ほどかき回し、布袋をしごく。三日もすれば、甘い発酵臭がしてくる（酒の匂いでもある）。この酒の匂いがしてきた水がモト（酒母、酛などとも書く。要するに酒の素《もと》。天然＝空気中にあった酵母菌が、水の中で培養されたわけだ）である。秋田ではこれを「**くされモト**」と言っている。以上がモトつくりで、以下がいわゆる本仕込みになる。

この水は捨てないで取っておき（布袋の飯はもはや不要）、米をザルに揚げて、それをかために蒸す（親指と人差指で力を入れてつぶれるくらいのかたさ）。蒸し上がったら、ムシロ（ゴザ）の上に広げ、三〇〜三五度（人肌）の温度に冷まし、冷めたら二升のコウジを加えてよく混ぜる（温度が高いとコウジ菌が死んでしまう）。

これを約一斗入りの桶に入れ、さきほどのくされモトを加え、新聞紙でフタをしてゴミなどが入らないようにする。三日目くらいから湧き（発酵）始めるので、攪拌して水加減をみる。水が米の上に上がらないていどがよく、水が多すぎると早湧きして早く酸《す》っぱくなってしまう。一〇日もすれば、ドブロクが完成している。

図示すれば次のようである。一〇日たったら飲むというのではなく、五、六日目から味わってみるのがよいだろう。初めは甘く、だんだん辛くなってくる。その辛みがとまれば完成というわけだ。

第1図　ドブロクの簡単なつくり方

よく洗った白米3升
水４升
布袋に入れた残飯
三升の白米をかためにに蒸す
冷めたら二升のコウジと混ぜる
3日間でモトができる
新聞紙でフタ
10日ほどで完成
8升入りのカメか桶

絶対失敗したくなかったら、これにイースト菌（缶入りのドライイーストのばあい、茶さじ二杯をぬるま湯で溶かして発酵させたもの）を加える。すぐに発酵を始めて、他の雑菌をおさえてしまうため、失敗しないわけである。しかし、イーストを添加したものは頭に残るという人もいる。

その他、Aさんによれば、**花モト**をつかったもの、**イースト**をつかったものがある。それも簡単に紹介しておこう。

花モトとは、野生に生えているホップ

（ビール製造に欠かせないあのホップである）を利用したモトのことである。秋のキノコがとれるころにホップを摘んできて、カサカサに乾燥させておいて、必要に応じて使うわけだ。

まず、湯呑み茶碗一杯におし込んだ分量のホップを五合の水でよく煮る。これを人肌に冷ましたら、蒸した米とコウジをそれぞれ湯呑み茶碗一杯ずつ加え、全部で一升になるように水を足す。これを三〜四日保温（二五度以上）すれば、花モトが一升分でき上がる。あとの仕込みは、くされモトのばあいと同じである。

何とも風流な酒ができそうだが、筆者は残念ながらまだこの方法ではつくったことがない。ホップが簡単に入手できる（栽培種も可）地方の方はぜひやっていただきたいものだ。

次はイーストをモトとして使うばあい。米二升をよく蒸して人肌に冷ます。それにコウジ一升をよく混ぜ、イーストを五〜一〇グラム加えて容器に入れ、水を足す。水の分量は、かき混ぜたとき、手が重く感じない程度という。七〜八日で飲めるようになる。

このやり方は、モトをつくる手間がないわけで、ドブロクつくりとしては最も簡単な方法である。初心者にはよいだろう。しかし、味を問題にする本格派からは邪道視されている。

以上、三通りのドブロクつくりを紹介したが、念のために**失敗しないための**注意点をあげて**おこ**

う。

①容器は、材質は問わないが、このごろ漬けもの用などに使われるポリ製の桶が手頃。ただ、一度漬けものなどに使ったものは、避けたほうが無難。筆者は、長い間醬油保存に使っていた瓶（陶製）を容器にして失敗したことがある。念入りに洗ったつもりだが、何がしかの不純物が残っていたと考えられる（この失敗例は昔から多数あり、ドブロクつくりでは常識という）。

②容器を洗うとき、合成洗剤は不適なようだ。筆者は、合成洗剤で洗ったポリ桶を使って、全くの失敗ではないが、すぐに酸味が強くなってしまったドブロクつくりの経験を持つ。洗剤をよく洗い流したつもりだが、都会の狭い台所での仕事ゆえ完全でなく、アルコール発酵を抑制する物質が残っていたと考えられる。だから、容器はまず湯で洗い、最後に熱湯消毒するのがよい。

最後に飲み方。

湧いているうちは、少量ならよいが、多く飲むことは禁物。つまり胃の中でも発酵するのだから、いかに上戸とはいえ、ゲップは出るし、苦しくてたまらぬことになる。ほんの初めは甘酒と同じだから、子供だって飲める。ただ筆者はたくさん飲ましたことはない。

湧きがおさまったら、そのまま飲むのもいかにもドブロクらしくてうまい。しかし初体験の方は、三合ぐらいでやめておくのがよいようだ。ドブロクはどうしても後利《あとぎ》きするからである。ご馳走になって愉快にやり、さて帰ろうとしたら腰が立たなくなった（頭ははっきりしている）という経験をもつ人は多い。

もろみの入ったドブロクを飲んでいるうち、だんだん上澄みができてくるが、人工的に上澄みをつくるには、漉《こ》せばよい。くわしくはのちに図示するが、布袋を使っても、和紙を敷いても清酒のようなきれいな酒ができる。ただ時間はかかる。友達にご馳走しようとして、お客が来てからではおそいことを憶えておきたい。

よくできたドブロクの上澄みは、筆者には一般の酒店に並んでいる市販清酒よりずっとうまいと感じられる。なにより甘ったるくないし、コク（水っぽくない）がある。辛味と酸味の微妙なバランスは、市販清酒には全然ないが、ドブロクにはある。一口一口が新鮮な口当たりで飲める。ただ、酔いの回りは早くないので、飲みすぎる傾向がある。飲みすぎると、身体全体で酔ってしまうから自宅などそのまま寝てしまえるところで飲むことをすすめる。

先にイーストを使う簡易法を述べたが、イーストを使わない簡易法はないものか。それがある。『実験秘録・酒の製法宝典』（後述）という本に載っているやり方で、筆者も、初心者はこの方法でやってみることをすすめる。

まず容器に水一升とコウジ二合を投じてかき混ぜる。ここに布袋に入れた米一升を浸し、三日たったら布袋を取り出し、中の米一升を洗って蒸す。コウジ二合入りの水一升は大切にとっておく。

次に、より大きな容器に、水三升にコウジ一升と、蒸し米二升とを入れ、さらに前記のコウジ二合入りの水と前に蒸した米一升とを仕込む。つまり、コウジ二合入り水一升につけておいた米一升と、あとの米二升とは都合三升にして一度に蒸してよいわけである。これで米三升、コウジ一升二合の総米に対し、水四升が入ったことになる。

これをかき回して四～五日そのままにしておくと、四～五日目ぐらいから発酵し、一〇日ほどでドブロクになる。製法上から言えば、前半の三日がモトつくりにあたり、後半が本仕込みにあたる。

2　本格派のドブロク（清酒）つくり

これまでの製法はいわば入門者のためのもの。何度かつくると応用も利くようになり、もっと本格的な、昔の（とわざわざ但し書をしなければならないのが残念）酒屋さんがつくったような酒をつくりたくなるのが人情である。ではその極意を伝授しよう。

以下は、『実験秘録・酒の製法宝典』（中央醸造研究所・代表真継義太郎著、発行人も同じ、発行所・日本仏教新聞社、昭和二三年）という本に負っている。筆者がその通りにやってみて、極く上等の清酒ができたのでみなさんにも教えようと思うのである。この本には、「家庭で酒を造りたい人々のために」「密造違反にならぬ法規解説附」という副題がついていて、ドブロクをつくろうというわれわれにはまさに「宝典」である。著者のいかなる人か詳かにしないが、その序文によって少しは知れる。それを引いておこう。

「三十年来の畏友、土井晩翠詩人、過ぐる日、わが草庵を叩いて一酔微吟――。

酒といふ文字を見るさへうれしきに

呑めといふ人、神か仏か（読み人知らず）

と一筆を示してくれた。……

仏門の流れを汲む著者は、われわれともに極楽の彼岸に到るべく、及ばずながら精進して来た。日本仏教新聞を執筆経営すること一貫二十有七年。仏教関係の大小著述五十余編、鬢髪あげて白く、齢六十を越えて人生一過、回想多時、何の得るところありしか。そこばくの同信を得、感謝の辞もかずかず頂いた、而かもその総結は、ついに酒の一書に如かず——これが偽りなき結着であった」(著者はさきに『酒の家庭製法』という本を上梓している——引用者注)。

いささか脱線したが、さて本題に戻ろう。

▼まずモトをつくる

【モトとは何か】 モトは酒母、酛などとも書き、いわば酒の素であることは前述した。つまりモトとはアルコール酵母というアルコール発酵を営む菌を繁殖させた培養液である。この菌の働きで、発酵力が旺盛となって高いアルコール度数が得られるようになる。

さらに、モトは、ドブロクつくりに失敗しないカギを握っている。前項で述べたようにコウジ以下を仕込めばアルコール発酵をするが、同時に乳酸発酵、酢酸発酵もする。これが盛んになると酸味が強くて飲めないことになるわけである。モトをつくって加えれば、これらの菌を相争わせ、その菌を殺してしまうことができる。だから、ドブロクつくりの失敗は、このモトをつくる段階を省略することにあるといえる。

【モトのつくり方】 ドブロクのモロミ二斗分のモトをつくることにすると、材料は蒸し米五合、コウジ二合、水六合である（寒仕込みとする）。

前々日に桶に六合の水を汲んで極寒中にさらしておく。薄氷が張るくらいの寒さがよい。そこへコウジ二合に冷めた蒸し米五合を入れよくかき回す。温度は六～七度以上に上がらないところで、二～三時間ごとにかき回す。一〇時間ほどすると、蒸し米やコウジは水分を吸収しておカユのようになって盛り上がってくるので、櫂《かい》のようなものですりつぶす（これをモト摺りという）。

仕込んで六日間は、数時間ごとにかきまぜる（ここのところが大変であるが、女房殿などの協力をえるとよい）。七日目からは、一～二度ずつ徐々に温度を上げていく。これもまた面倒であるが、酒の空ビンや大きなインスタントコーヒーの空ビンのようなもの（つまり金物でない、湯を入れられる容器なら何でもよい）に湯を入れてそれを桶に入れて調節するとよい。以上の工程を、冷蔵庫の中でやってもよいと思われる。

こうして毎日加温をつづけてゆくと、甘味と酸味が次第に増してゆき、二十日ほどで甘味は絶頂に達する。このときが、アルコール酵母がいちばん繁殖しているときで、「モトが湧く」とも言う。

この湧きの峠を越すと、甘味は日一日と減じていって、湧いてから三日もすると甘味は消えて、辛味と酸味ばかりになる。これでモトのでき上がり。

【酸性の殺菌力】 このような面倒な過程をなぜ経るのかを、やはり簡単に述べておいたほうがよいだろう。しかし以下は、醸造の原理を学んだ人にとっては常識だから読みとばしていただきたい。

さて、コウジ以下の仕込みによってアルコール分が生まれるが、同時にいろいろの菌も一緒に発生・増殖する。その主なものは乳酸菌、酢酸菌、酪酸菌である。

酢酸菌は、酒の中ではブドウ酒の中に多くある。もちろん食酢の香気の主要菌である。栓を抜いた生ビールを放っておくと白濁してくるのはこの菌の作用である。つまり、アルコール分を酸化させる働きをする。酒造にはありがたくないのだが、つきものだからやむをえない。容器に液を満水し、外気にさらさないようにすれば、あるていどその繁殖を抑制できる。

酪酸はバター臭をもち、発酵物にはたいてい含まれている。その精製品は洋酒、西洋菓子などの香料としても用いられる。酒造のばあい、直接に有用ではないが、その酸性が殺菌力を持っているので、他の腐敗菌の繁殖を抑制する。しかし、この菌の酸味はご免こうむりたいというわけで、面倒な温度調節をするというわけである。それに乳酸菌が大いに力をふるう。

コウジがデンプンを糖化する適温は五〇度強であり、アルコール酵母の繁殖適温は二五〜二六度であるから、仕込み品を初めから五〇度の高温にして糖化を促進させ、ついで二五度にすればアルコール発酵するわけであるが、こうすると同時におなじ適温で育つ他の酸菌も増殖して、酸っぱくて飲めないことになる。

ところが、同じ酸菌のうちでも乳酸菌だけは、その威力が大で、数においてあるていど増殖させてやると、他の悪性菌や酸菌を殺してしまう。しかもありがたいことに、アルコール酵母菌だけは、この乳酸菌に対する抵抗力が他の雑菌に比べて強いのである。そしてもう一つ好都合なことは、他の雑菌は一〇度以下では育たないが、乳酸菌は四〜五度の低温でも繁殖する。自然の妙というべきか。

以上を既述のモトの仕込みに当てはめてみると、最初四〜五度の寒冷中にさらしておくと、乳酸菌だけはグングン繁殖して他の害菌を殺してくれる。しかし、その低温ではアルコール酵母菌もまた活動力が弱い（乳酸菌に殺されずにいるが繁殖はできない）。この期間が六日というわけだ。他の害菌が死滅したところで七日目から加温してやると、酵母菌が盛んに繁殖し、ブッブッと湧き出す。徐々に加温して二五度になったときが発酵の頂点で、モトが完成する。感温度を異にする乳酸菌は、このへんで自己の生産した乳酸それ自体によって次第に全部死滅していく。まことに乳酸はわれら本格ドブロク派にとっては益菌である。

前に「二杯ほどの残りご飯を布袋に入れて一緒に浸しておく」と述べたのも、理由は乳酸菌の威力を利用するためであったのである。

【本仕込み】　さて次が本仕込み。ここまでくれば失敗は少ない。

モトは桶に全部入れておき、そこへ第一回を初添、第二回を仲添、第三回を留添といって三回にわたって以下の量の水と蒸し米とコウジを加えてゆく。どうして一回にやってしまわないかと思われるだろうが、ここに世界に例をみない芳醇な日本酒が生まれる秘訣があるのだという。

まず初添。モトに前日に汲みおいた冷却水一升、ついでコウジ四合を入れてかき回す。それから蒸し米一升を入れて攪拌。温度は一二〜一三度とし、一五時間ほどすると米やコウジは水を吸収してふくれ柔らかくなる。これから以後は二時間おきに櫂で攪拌。翌日は丸一日休み。

中一日おいた三日目に仲添として水二升六合、コウジ六合、蒸し米二升を順々に仕込む。温度は一〇度くらい。このときは仕込み三日目であるからブツブツ発酵している。その中へ投入することになる。仕込み後一〇時間ほどしてから一回攪拌。

翌日、すなわち四日目に留添として、水五升、コウジ九合、蒸し米三升を順次に仕込む。温度は八〜九度。前と同じく櫂を入れて攪拌。

これで仕込みは全部終わり。留添が終わった翌日ころには発酵はますます盛んになり、炭酸ガス

第2図　上澄み液のつくり方

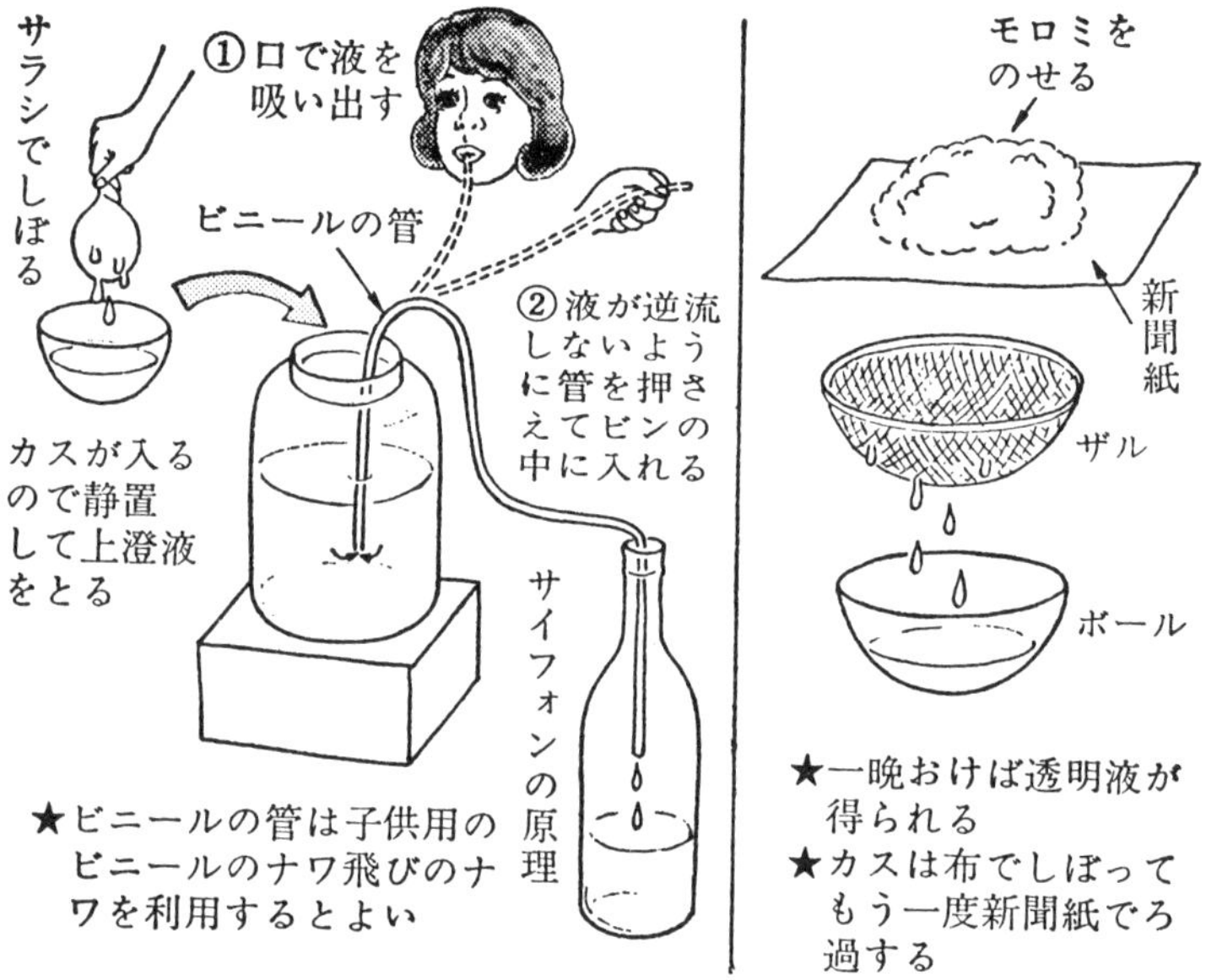
サラシでしぼる
①口で液を吸い出す
ビニールの管
②液が逆流しないように管を押さえてビンの中に入れる
カスが入るので静置して上澄液をとる
サイフォンの原理
★ビニールの管は子供用のビニールのナワ飛びのナワを利用するとよい
モロミをのせる
新聞紙
ザル
ボール
★一晩おけば透明液が得られる
★カスは布でしぼってもう一度新聞紙でろ過する

を発生してブクブクと泡立ってくる。この時点で米はすでに糖化され、糖分は酵母のためにアルコール分となってゆく。留添後二〇〜二五日で濃厚なドブロク（モロミ）が完成する。これを三〜四倍にうすめたものが、戦後ヤミで出回ったドブロクであるが、われわれ本格派は、これを次に述べる方法でろ過し、五五〜六〇度の火入れをして、清酒として賞味する。

【ドブロクから清酒へ】　簡単には、ドブロク（モロミ）の入っている容器の中へ、細長い竹ザル（外側を布で包む）を差し込んでおく。翌日には、ザルの中いっぱいに澄んだ清酒がたまっているから、それをヒシャクで欲しい分量だけ汲み出して飲むわけである。手造りで本格的清酒を完成したという喜びと、味の新鮮さ、香味のかんばしさが混じって、大いに賞味できる。いわば「新酒」の味である。しかし、何となく、こなれていないという感じもまたまぬかれない。それで火入れをするわけである。

火入れをするためにはまず上澄みをとるわけだが、竹ザル法のほかに手っ取り早いのはサラシでドブロクをしぼる方法がある。これは清酒ではなく、白濁した白酒になるので、オリが下に沈むまで静置しておく。もう一つの方法とともに図示したので参照してほしい（サイフォンの原理を応用したこの方法は、後で述べるブドウ酒などのオリ引きにも利用できる）。

火入れとは五五〜六〇度の温度で加熱することで、その目的は、液中に残存する悪性菌を殺菌することと、香美を調熟して渾然融和させることにあると、『秘録』にある。殺菌してしまえば変質しないから、できれば杉材（市販の樽酒の空いたものでよい）の桶に満量に入れ、目張りをして重石をのせて貯蔵しておくと、芳醇な樽酒を賞味できるというわけである（よくできたものは、火入れをしないでも夏を越せる。念のため）。

3　その他のドブロクつくり

ドブロクは米からしかつくれないということはない。ドブロクつくりの原理をおさえていれば、デンプン質のものからなら材料をえらばずにできる。ここでは、イモ、ムギ、アワ、ヒエを材料にしたドブロクつくりを簡略に述べる。それぞれ、独特の風味があって、酒好きなら、手を打って賞味することうけあい。

▼イモ酒（イモドブロク）

〔材料〕　サツマイモ、ジャガイモなど、デンプン質のイモ類一〇貫（三七・五キロ）。

〔つくり方〕　ドブロクで飲むなら、イモの不良箇所を削り取り、皮をむく（焼酎をつくることを目的にするならそれは不要）。

ジャガイモのドブロクは、仕込みのときに砂糖を一割弱入れないと、糖分が少なくうまく発酵しないので注意。また、半切りにした生のジャガイモを、灰汁に入れてアクを抜くと風味がよくなる。

まず、三貫目のイモの皮をむき、サイの目に切る。量が多いときは細断だけでよろしい。これをサッと蒸すが、びしょびしょにしないこと(蒸すときの原則)。芯が少し残るくらい。蒸し終わったら容器に入れ、五升の水を入れる(水が温湯になる)。そこへコウジ二升を加えてかき回し、一〇度以下の室温で三日間そのままにしておくと、発酵してくる。寒いときほどうまくいくので、冬にやるとよい。これで乳酸のはたらくモトが一斗できたわけだ。三日後に残りのイモ七貫を同じように蒸し、それを容器に入れて、酒母一斗を加え、さらにコウジ三升、水適量を加え、かき回して静置しておく。冬なら室温で七日くらいで発酵し、飲めるようになる。

焼酎が目的で風味をかまわないなら、二〇日ほど発酵させると、アルコールが多くとれる。イモ一〇貫だと二〇度の焼酎が四～七升ほど。

ジャガイモのようにデンプンは多くても糖分は少ないものは、砂糖を入れると発酵がスムーズに進む。酒つくりのコツは、ネコにはネズミ、赤子にはお乳、酒には砂糖、と憶えておくとよい。

コウジを加えても、どうしてもうまく発酵しないときは、最後の非常手段としてイーストを加える。

▼ムギドブロク

〔材料〕　オオムギ（コムギでもよい）一升、コウジ四合、水一升五合。

〔つくり方〕　まず、ムギをフライパンではぜるていどに炒る。炒るかわりに蒸してもいい。このばあいは少しかた目にさっと蒸さないと、発酵力が落ちる（蒸すばあいの原則）。

これにコウジと水を混ぜて仕込む。割合は、材料が一升なら、水も一升と憶えておけば、だいたいの材料で応用できる。一〜二週間もすれば、発酵して飲めるようになる。このままでは濃すぎて飲みにくい人は、水で割るのもいいし、前記の図の方法で清酒にするのもよい。

▼アワ・ヒエなどのドブロク

何度も述べるように、デンプンを含む材料ならなんでも酒になる。アワでもヒエでもモロコシでもいい。その三〜四割のコウジを加え、材料全体（コウジも含めて）と同量の水を加えて発酵をまてばよい。

米のドブロクつくりのように、モトをつくればいちばんいいが、材料とコウジと水で仕込んで静置しておくだけでも発酵する。しかし、モトを使うばあいよりも、多少は発酵に時間がかかり、アルコールの度数も低くなる。

発酵までの時間は、温度の高い季節ほど早いが、雑菌が入って酸っぱくなりやすい。モトを使わないばあいは、寒仕込みで一〇度前後で徐々に発酵させるのが、いちばん成功率が高くなる。

第3図　沖縄の泡盛の蒸留方法

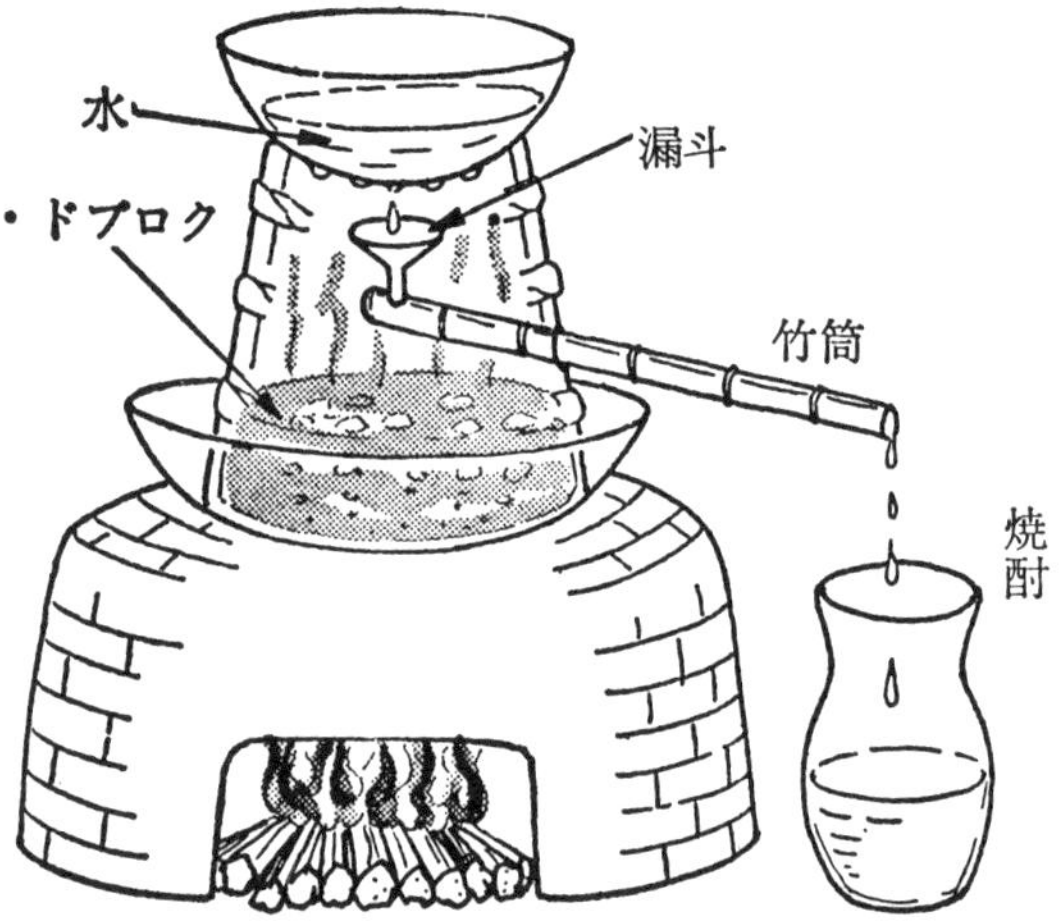

4 焼酎のつくり方

さて、ドブロクもうまいが焼酎もまたうまい。つくったドブロクの半分は焼酎にするというのも一法である。また、ドブロクが酸っぱくなってしまったら、すぐ焼酎にしよう。焼酎のつくり方は、案外簡単である。つまり酒やドブロクを熱してアルコールを蒸発させ、その蒸気を冷やして液体にすれば焼酎ができるわけだ。問題は、蒸留装置をどうするかだが、効率をそれほど問題にしなければ、身近な道具でつくれる。では、早速とりかかろう。

少し本格的にやろうと思えば、第三図のような装置をつくる。これは沖縄の泡盛焼酎の蒸留装置で、効率もいいようだ。カマドの上に大ナベを乗せ、酒やドブ

ロクを入れ、その上に底を抜いた樽を乗せる。この樽の胴には竹筒がさし込まれ、先端に漏斗《ろうと》がとりつけてある。この樽の上に、さらに水を入れたナベを乗せる。

カマドで酒を熱すれば、アルコールが蒸発し、上のナベで冷やされて液体になり、雫《しずく》が漏斗に落ちて、竹筒を通って外のカメにたまるという仕組み。

これを応用したのが、第四図の蒸し器の蒸留装置。これだと、蒸留されたアルコールが器に溜まるが、蒸し器の中にあるので、たまったものの一部が再び気化するという循環をくり返し、ちょっと効率が悪いようだ。

第4図　蒸し器を利用する方法

そこで、第五図のようにヤカンを利用してはどうか。ブランデーなどの蒸留装置と同じ原理。少量なら、これでうまくいきそうだ。これらの蒸留装置で注意することは、スキ間をふせぐこと。スキ間があると、せっかく蒸気になったアルコールが逃げてしまう。短時間の蒸留なら、セロテープで目張りするのがよいだろう。

第5図　ヤカンを利用する方法

焼酎は、その原料から、粕とり焼酎、酒とり焼酎、イモ焼酎の三つに分かれる。

粕とり焼酎は、蒸し器に水を入れて、スノコの上に新鮮な酒粕を置き、第四図のようにすればできる。もっと効率よく焼酎をつくるには、酒粕を

第6図　フランスのブランデーの製造装置（参考）

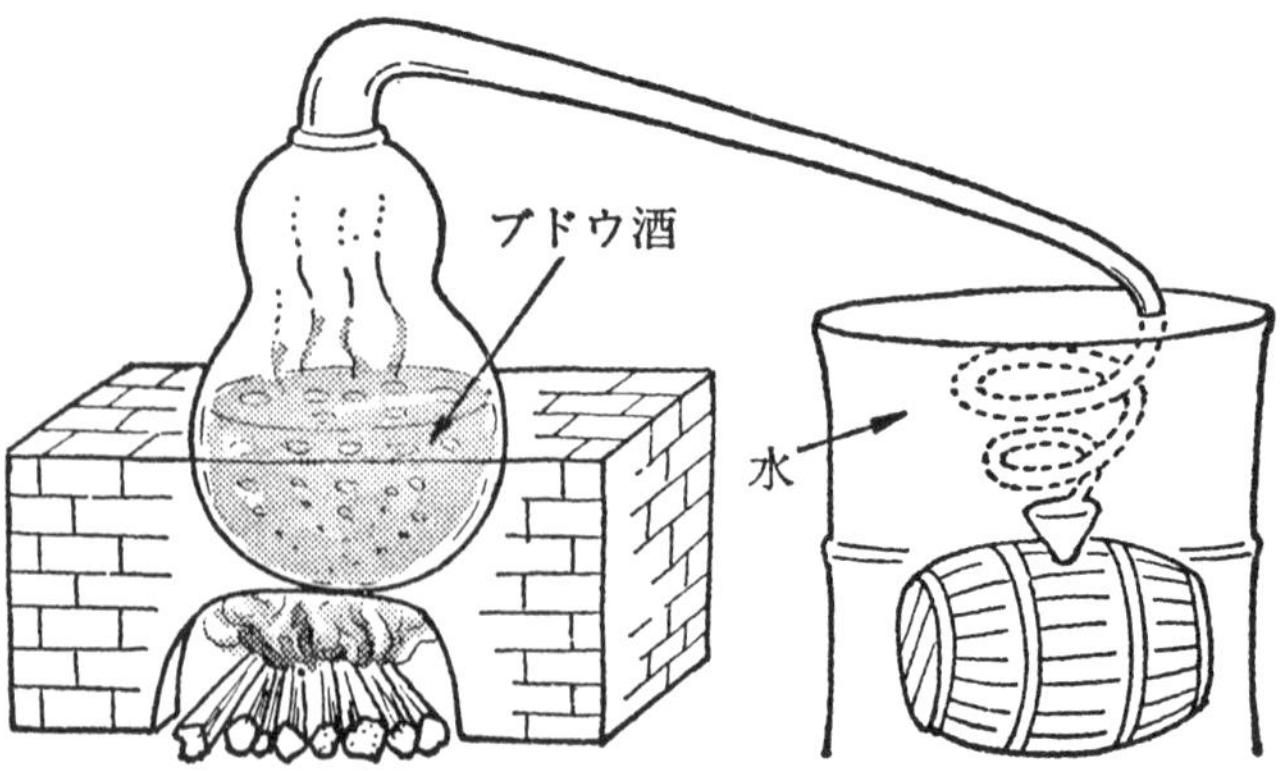

いったん桶に入れ、約二割の水を加えて目張りしておき、二〜三カ月貯蔵してから蒸留するのがよい。酒粕の中には七〜一〇%のアルコールのほかに糖分やデンプンや酵母が含まれているので、さらに再発酵させると蒸留歩合が高くなる。

酒とり焼酎は、米の酒から蒸留したもの。昔は、〝密造〟ということで税務署にとり上げられた農家のドブロクが、これに使われたようだ。何度も言うようだが、ドブロクが失敗したら、捨てないで酒とり焼酎をつくることだ。本格的なうまい焼酎が飲める。

イモ焼酎は、イモドブロクからつくったもの。最近ではソバやトウモロコシからつくった焼酎も市販されている（材料全部がソバならソバかどうか怪しい。ソバの風味だけ添加したのではないかという疑いがある）。われわれも、そのほか、カボチャ焼酎とか、サトイモ焼酎とか、わが家特製の焼酎を楽しもうではないか。

5 高級ブドウ酒のつくり方

西洋では手造り酒が常識で、ブドウ酒（ワイン）はその筆頭。各家々にわが家自慢のブドウ酒があるという。日本では酒税法なる奇怪な法律があって自由につくれないのが残念だが、皆がつくるようになれば事態も変わろうというもの。どんどんつくってもらいたいものだ。以下、メーカー品より美味なブドウ酒つくりの方法を紹介したい。

▼ブドウ酒は自然にできる

猿酒か顔をうったる雫あり　青畝

猿酒と称するものは本当にあるらしいが、筆者はこれをブドウ酒などの果実酒だろうと想像している。それほどブドウ酒は自然にできるのである。ドブロクのばあいは、デンプンを一度糖にかえて、それをアルコールにするわけだが、ブドウのばあいは、糖分が高いので（果物中で最高の部類）コウジ菌を使う必要がなく、果皮には天然の酵母菌がついている（だから野生のブドウの方が酵母菌も多く、よいわけだ）ので、つぶして容器に入れておくだけでアルコール発酵するのである。い

第7図　酒の種類とつくり方の違い

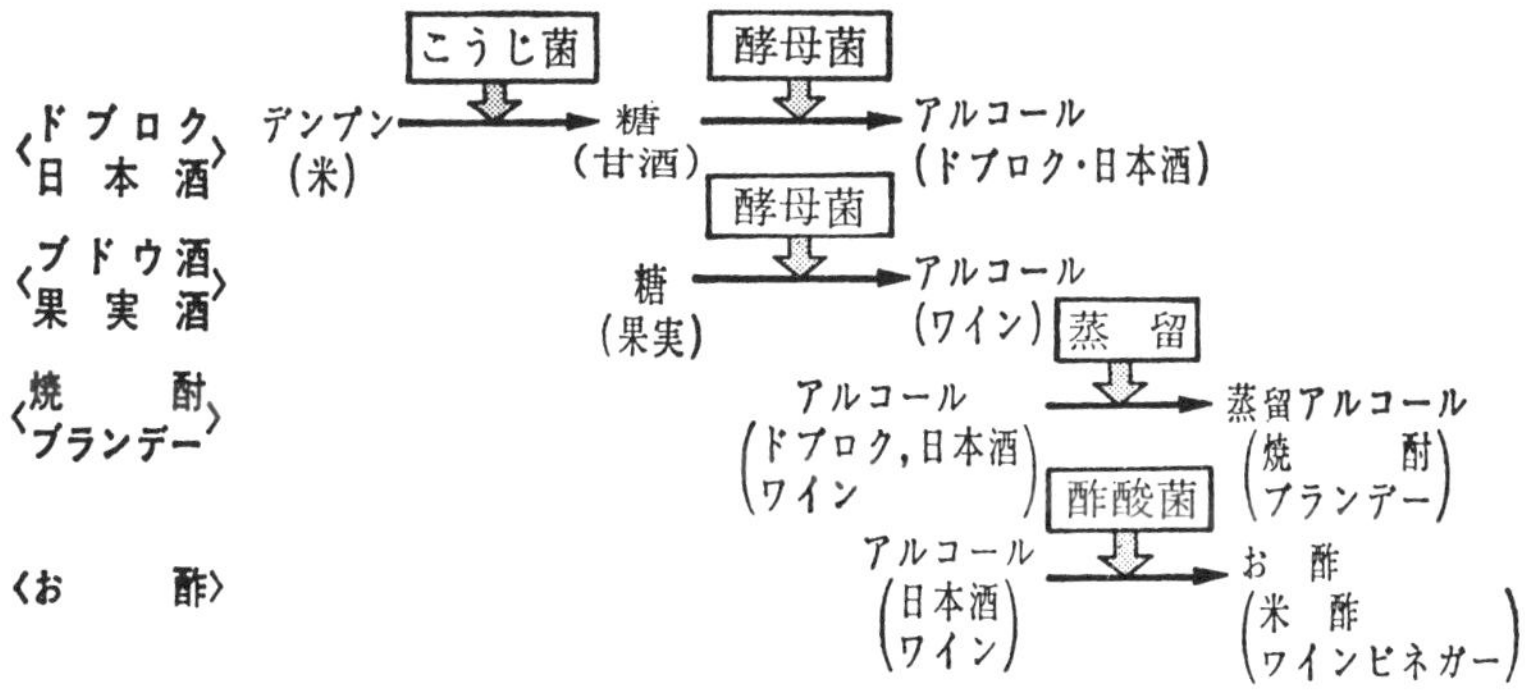

ちおう、他の酒とのちがいを図示しておこう。

ブドウ酒は、誰でも、どこでも簡単につくれる。

▼ブドウ酒つくりの手順

しかし、美味しいブドウ酒をつくるには、それなりの手順が必要である。それを図にしたのが第八図である（ほかの果実酒もほぼ同じ）。

まず道具だが、第九図のようなものを用意する。最高の味を求めるなら、鉄製の道具や容器は使わない（ステンレス、ホウロウ引きのものはよい）。鉄製のものが悪い理由は、鉄分が溶け出して酒の成分とくっつき、タンニン酸が沈澱し、色や味を悪くするからだ。道具や容器はよく洗い、熱湯消毒しておく。

さて、ブドウ酒には白と赤がある。白と赤では材料とつくり方が少し違う（図を参照）。赤い色はブドウの果皮の色素だから、白ブドウ酒をつくるには、この色素を出さないようにする。つ

第8図　ブドウ酒つくりの手順

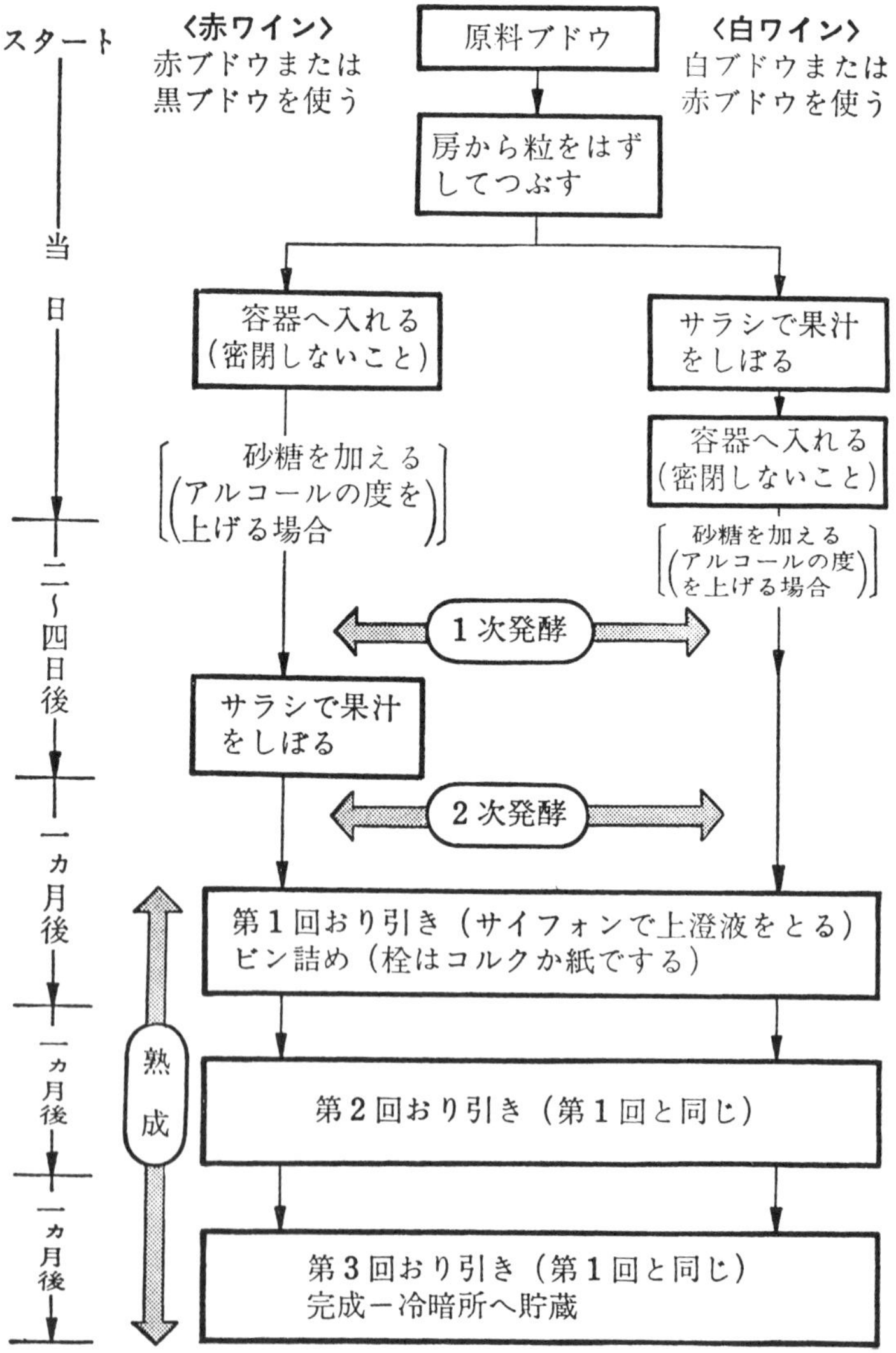

スタート
当日
二〜四日後
一ヵ月後
一ヵ月後
一ヵ月後
〈赤ワイン〉
赤ブドウまたは
黒ブドウを使う
原料ブドウ
〈白ワイン〉
白ブドウまたは
赤ブドウを使う
房から粒をはずしてつぶす
容器へ入れる（密閉しないこと）
サラシで果汁をしぼる
容器へ入れる（密閉しないこと）
砂糖を加える（アルコールの度を上げる場合）
砂糖を加える（アルコールの度を上げる場合）
1次発酵
サラシで果汁をしぼる
2次発酵
熟成
第1回おり引き（サイフォンで上澄液をとる）
ビン詰め（栓はコルクか紙でする）
第2回おり引き（第1回と同じ）
第3回おり引き（第1回と同じ）
完成ー冷暗所へ貯蔵

まり、ネオマスや甲州のような色のうすいブドウを使い、しぼった果汁だけで発酵させるようにすればよい。あとは赤ブドウ酒と同じ手順。

第9図　ブドウ酒つくりに必要な道具と材料

【完熟したブドウを使う】　完熟したブドウを晴天の日に収穫する。雨の日に収穫したものは、果皮についている酵母菌が流れて少なくなっている。完熟したものは水分が少なく糖分が高いので、アルコールの度数も高くなる。それに完熟したものには酵母菌も多くついているので、早く発酵してアルコール化するので、雑菌がふえにくく、酸っぱいブドウ酒になりにくいわけだ。

つぶれた腐敗粒や未熟粒はとり除く。つぶれたものには酵母菌も多いかわりに、酢酸菌などの害菌も多くついていて味を悪くする。もちろんブドウは洗わないで使う。失敗した人はブドウを洗ってしまった人が大部分。

品種は好みにもよるが、酸味の強い品種ほどコクの深いブドウ酒ができる。山ブドウが最高だが、栽培品種で

第10図　粒をはずしてつぶす

はキャンベル、ベリーAなどが適している。白ブドウ酒なら甲州がよい。巨峰やデラなどの、甘味は強いが酸味の少ない品種では、アルコールの度数は上がっても深い味わいに欠けるようだ。

【仕込みは容器の八分目まで】　次は仕込み。大量にやる場合は房ごと機械でつぶすが、家庭用なら房からはずした粒だけを、つぶす。軸やくず粒を除いたほうが味がよくなるからである。第一〇図のようにヘラなどでつぶすが、もちろん素手でやってもかまわない。果皮と果肉の間にエキスが多いので、よくつぶすほどコクのあるブドウ酒になる。しかし、ミキサーなどでつぶすと果皮のタンニン酸などでしぶ味がつくので、つぶしすぎも問題。

白ブドウ酒は、つぶしてすぐに搾って果汁だけを発酵させるので、よくつぶし、よく搾らないとコクのないブドウ酒になってしまう。赤ブドウ酒のばあいは皮もいっしょに仕込むので、仕込み中にエキスが出てくる。赤ブドウ酒のばあいはつぶしたものを容器に移し、白ブドウ酒のばあいにサラシなどで皮や種子を除き果汁だけを容器に入れる。入れる量は容器の八分目までにしておかないと、発酵中あふれ出てしまうので注意する。

仕込んで一週間くらいは激しく発酵するので、容器は密閉しないこと。密閉すると破裂するので気をつける。第九図のような広口ビンならフタをゆるめておくこと。カメなどなら新聞紙でフタをし、ヒモでしばってホコリや雑菌、ショウジョウバエなどが入らないようにしておく。

【砂糖の添加でアルコール度を高める】 アルコール度数の高いものを望むなら、少し砂糖を加える。ブドウ酒のアルコール度数は、材料の糖度によって決まる。糖度の半分がアルコール度数になる、糖度二〇度のブドウならアルコール一〇度のブドウ酒ができるわけだ。ふつうブドウは一八〜二〇度くらいの糖度があるので、九〜一〇度のアルコールになる。そこで高い度数のものをつくるには、少し砂糖を加える。完全に発酵させれば砂糖はみなアルコールに変わるので、ブドウ酒が甘くなることはない。

たとえば、糖度一八度のブドウを四キロ仕込んだとする。アルコール一二度のブドウ酒をつくりたいときは、糖度は倍の二四度が必要。ブドウだけでは六度不足していることになる。糖度もアルコール度も重量%だから、糖度六というのは六%のことである。糖度が六%不足しているのだから、四キロに対して六%の砂糖を加えればよいことになり、必要な砂糖量は二四〇グラムというわけだ。

ここまでが仕込み当日の作業である。

【アルコールを早く五度以上に】 美味しいブドウ酒をつくるには、アルコールをお酢にかえる酢酸菌などの雑菌ができるだけふえないようにすることが肝心。これがふえると、酵母菌がつくり出したアルコールを次から次へとお酢にしてしまい、度数の低い酢っぱいブドウ酒になってしまう。これまでつくったことのある人は、きっと思いあたるはず。雑菌をふやさないためには、前に述べたようにまず道具や容器をよく洗うことと、腐ったくず粒を仕込まないことだ。

次は仕込みの温度。ブドウの酵母菌は二八度くらいを好み、お酢をつくる雑菌は三七度くらいを好む。だから、あまり高温で発酵させるのは失敗のもと。秋なら自然状態の発酵で問題なし。

仕込んで一～二日で発酵が始まるが、そのとき皮などが浮いてきて、この皮が空気にふれるとカビや雑菌が繁殖する。だから、一日二～三回かきまぜて皮を沈めてやる。酵母菌は酸素がなくても繁殖するが、雑菌は酸素のあるところでしか繁殖できないので、常にかきまぜて皮を沈めてやるとよいわけだ。

また、アルコールの度数を早く高くすることも、雑菌をおさえるコツ。アルコールが五度くらいになると、雑菌の繁殖をおさえられる。仕込みのときに水を加えることをきらうのは、それによって発酵がおくれ、雑菌がふえやすくなるからである。すでに発酵中のブドウ酒があれば、それを仕込みのときに少し加えると発酵がすすむので、よいブドウ酒ができる。

雑菌をおさえられるのは、アルコールが五度以上になったときなので、いかに早くその線までもっていくかがコツ。初秋だと三〜四日でそのくらいの度数になるので、仕込んでからの三〜四日が、美味しいブドウ酒つくりの勝負どころというわけだ。

【一週間以内には搾る】 赤ブドウ酒のばあいは、二〜四日で果皮や果肉、種子などをサラシで搾って取り除く。遅くとも一週間くらいで搾らないと、タンニン酸などが出てきて、ブドウ酒に渋味がついてまずくなるから注意する。白ブドウ酒のばあいは、初めに搾り取っているので、そのまま発酵をつづければよい。

仕込んでから一週間くらいが、いちばん発酵の盛んな時期で、一次発酵という。この時期に雑菌をふやさないようにしておけば、後はアルコールの度数が高くなるので失敗はほとんどない。搾るときのサラシは、よく洗ったものを使う。新品だとノリがついているので味を悪くする。

【オリ引き三回で完成】 果皮などを搾り取ってから一カ月くらいすると、酵母菌の死骸やカスが下に沈澱してくる。このオリを取り除く作業を「オリ引き」というが、第一一図のようにビニールの管を使ってサイフォンの原理で上澄み液だけを取り出す。これはドブロクつくりの項で述べたことと同じ。

第11図　オリ引きのやり方（サイフォンの原理）

カスを取り除いたブドウ酒は、そのままビンに詰めてもよいが、コーヒー用のろ紙でろ過してからビンに詰めると、オリ引きが一回くらい省略できる。ビン詰めにすれば、空気にふれる表面積が少なくなり、雑菌がふえにくくなる。また、底面積が少ないので、オリ引きもしやすいわけだ。

栓はコルクがいちばんよいが、ワタや紙でもかまわない。発酵はほとんど終わっているので、破裂の心配はない。雑菌やホコリが入るのを防げればよいわけである。

このオリ引きを同じ方法で一カ月おきに、合計三回やる。三回目のオリ引きをすると、もうほとんどオリはなくなり、これでブドウ酒は一応完成である。コルクの栓をして、口を下に向けて斜めに寝かせて熟成させると、立派なブドウ酒ができ上がる。

口を下にするのは、空気を断つためで、上を向けておくとコルク栓のスキ間から酸素が入ってきて、ブドウ酒の成分を酸化させて味を悪くする。また、雑菌などが入っているばあいは、雑菌が繁殖して酢っぱくなる。熟成させていたつもりが、お酢をつくっていたことにもなりかねない。くれぐれもご注意を。

本物のブドウ酒は多少酸っぱいものだが、これはブドウのクエン酸や酒石酸によるもので、これはブドウ酒に深い芳醇な味わいを与えてくれるが、雑菌による酸っぱさは酢酸によるもので、質的に全く違うものである。

さあ、これで市販のブドウ酒に負けない美味しいブドウ酒ができるはず。九月に仕込めば、クリスマスや正月ころには、本物のブドウ酒が楽しめる。今年はどうぞおためしください。成功を心から祈っております。

その他の果実酒のつくり方

リンゴ酒・ナシ酒・ビワ酒

【丸ごとつぶして補糖】 リンゴ酒、ナシ酒をつくるばあいも、ブドウ酒と同じ要領でよい。家庭ではミキサーを利用するのがよいだろう。ヘタと芯をとり、皮はむかずに（もちろん洗わない）ジュースにする。リンゴやナシは、ブドウよりも糖度が低いので果実の重さの一割くらいの砂糖を加えると発酵しやすい。入れすぎると酵母菌が死んで発酵しないから注意する。

カスをしぼるのは主発酵がすんだ仕込み一週間後でもよいし、ミキサーでジュースにしたときでもよい。ブドウ酒のときと同じようにオリ引きする。

ビワ酒も要領はおなじ。ヘタをとり実をつぶす。タネは大きいから仕込む前にとり除く。砂糖は一割弱加え、水を少し加える。仕込んだときに皮が空気中に出ていないようにする。出ているとカビが生えやすい。ミキサーでつぶせば水分が多いので、水を加える必要はない。

カキ酒・モモ酒

【皮をむいて仕込む】 カキ、モモのばあいもやり方は同じ。熟して腐りかけているくらいのものがよい。モモなどは当たったところが褐変して、見ばえが悪いから、一山いくらで投げ売りしているようなものがよい。安いし、発酵しやすいし、一石二鳥だ。カキも持てばつぶれそうな熟したものを買ってくる。これなら仕込むのも楽だからだ。

柔らかいものは手でつぶして仕込めばよい。固いものなら細かく切って仕込む。水分がないから、水と砂糖を少し加える。ミキサーでやるばあいは、皮をむいたほうがよい。皮もいっしょに砕くと渋味が出る。果実をジュースにして、後から皮を加えれば、天然の酵母で発酵する。

6　ブランデー製法の秘訣

ワインやドブロクがつくれるようになれば、自家用酒つくりの入門コースは卒業。中級コースは蒸留酒つくりだ。ブランデーつくりに挑戦してみよう。

蒸留酒（焼酎、ブランデー、ウイスキーなど）は、醸造酒（日本酒、ドブロク、ワインなど）を蒸留すればよいわけだ。原理は簡単である。ブランデーといえば高級なイメージがあり、とても素人にはつくれないように思われている。

だが第一二図のような簡単な蒸留装置があれば、だれでも手軽につくれる。圧力ナベは一万二〇〇〇円ほどするが、料理に使えばよいわけで、純粋な蒸留装置のための経費は、アルミの管の五〇〇～六〇〇〇円だけ。だが、その性能はフランスのコニャックのアランビック（蒸留器）にも負けない本格的なミニチュア装置だ。

【冷却コイルがポイント】　用意する材料は、圧力ナベ、アルミの管、ビールの空カン（二リットル入りのもの）だけ。アルミの管は細、中、太の三種類用意し、ピッタリさし込めるものがよい。長さ一メートルで一〇〇～一五〇〇円。細いものは内径四ミリ、外径六ミリを四本、中は内径六ミリ、

第12図　ブランデーの蒸留装置

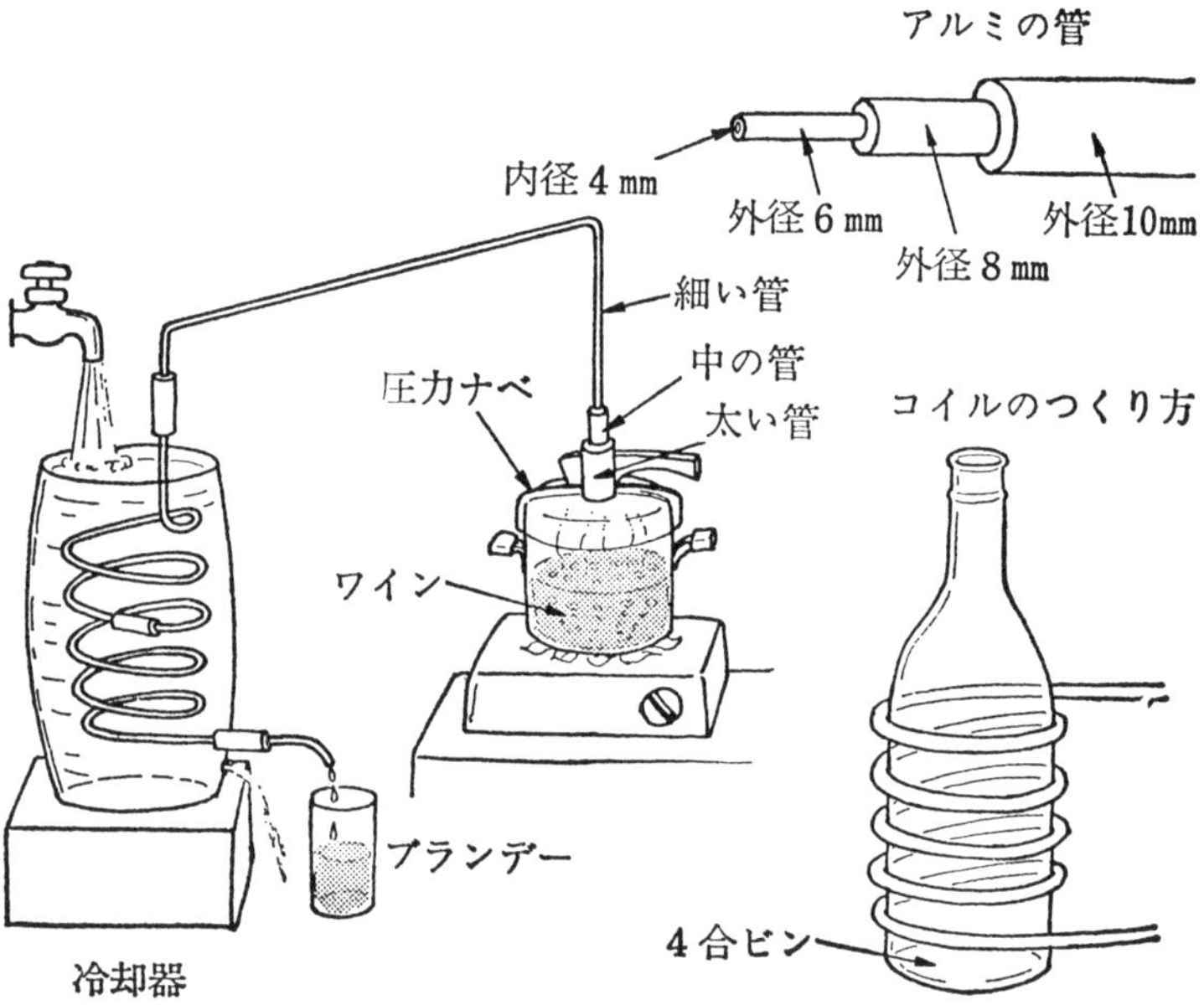

外径八ミリを一本、太は内径八ミリ、外径一〇ミリを一本。

細い管は冷却器のコイルと、圧力ナベからコイルまで蒸気を導く管として使う。中の太さの管は細い管の接ぎ手として使う。太い管は、圧力ナベのノズルと細い管をつなぐためのもので、間に中の管を入れて接続部をつくる。

コイルは、四合ビンに巻きつけるときれいにできる。一メートルの管でコイルを三つつくり、中の管でつないで三メートルのコイルにする。ビールの空カンに入るくらいの大きさであればよい。ビールの空カンは、最近売り出されている二リットル入りのものがよい。カン切りで上を開け、下の側面にコイルの管のとり出し穴を開ける。穴は管よりも少し大きめがよい。上から水を注いで下の穴のすき間から水がもれ、冷たい水をかけ流せるようにするためだ。

【蒸留のやり方】 蒸留のやり方だが、圧力ナベにワインを入れ、第一二図のように装置をセットする。火力は中火。九〇度くらいでワインが沸騰しないように温める。蒸気が出始めれば冷却器に水をかけ流すと、コイルの先からブランデーがしたたり落ちてくる。初めは六〇度くらいのアルコールだが、徐々に水分も多くなり度数が低くなる。アルコール分が感じられなくなれば蒸留を終わる。初めの三分の一くらいの量がとれる。

このままでもよいが、アルコールの度数も二五～三〇度くらいで低く、不純物も多く混ざっているので再留するとよい。再留は八〇度くらいでゆっくり蒸留する。初めと終わりに出てくるアルコールには不純物が多いのでカットし、次のワインの蒸留にまわす。中間のアルコールは、再留を始める前の三分の一くらいの量がとれ、五〇～六〇度のブランデーとなっている。

本格的にはホワイトオークの木の樽につめて三～四年寝かせれば、木のエキスが滲み出してコハク色となり、まろやかな味になる。できたては味がかたいので、ビン詰めして一～二年おくのもよい。

念のためにひと言。できたてのブランデーは無色透明。本物は木の樽に貯蔵している間に色がついてくるわけだが、市販のブランデーやウイスキーはカラメルで着色したインチキ品だと思ってよい。しかし、色がないとブランデーらしくないこともたしか。一歩譲って、市販ブランデーを少し残し、そこに入れるとコハク色になる。友人などに飲ませてみると面白い。そのラベルのブランデーだと思わぬ人はいないはずだ。では成功を祈る。

〈付〉 酢のつくり方

子供から大人まで毎日食べているあの酢も個人がつくることは禁じられている。だから、柿酢というような風味の格別な酢には、このごろとんとお目にかからなくなってしまった。それで酢のつくり方も紹介しておこう。

【酢づくりはタネ酢づくりから】　澄んだドブロク、澄んだ果実酒ができたら、酢づくりにかかる。

筆者の酢づくりは、ドンブリに酒を入れて自然に酢酸発酵させるやり方だ。夏なら三〜四日もすれば、表面に白いうすい膜ができる。これが酢酸菌の膜である。これをかきまぜて再度膜をはらして、酢酸発酵を進める。なめてみて適当な酸っぱさのところでろ過して酢酸菌の膜などをとり除く。そのとき使ったのは、第一三図のようなドリップ式のコーヒーのろ紙とろ過器。

ある大学の発酵学の先生に聞いたところによると、このやり方でも酢はできるが、効率が悪いということだった。そこで先生から教えていただいた方法を紹介しよう。

まずタネ酢をつくるのである。私のやり方なら、まずドンブリの表面にできた酢酸菌の膜を、下敷きのようなもので膜をこわさないようにすくいとる。これがタネ酢である。これをお酢にしたい

第13図　簡単な酢のつくり方

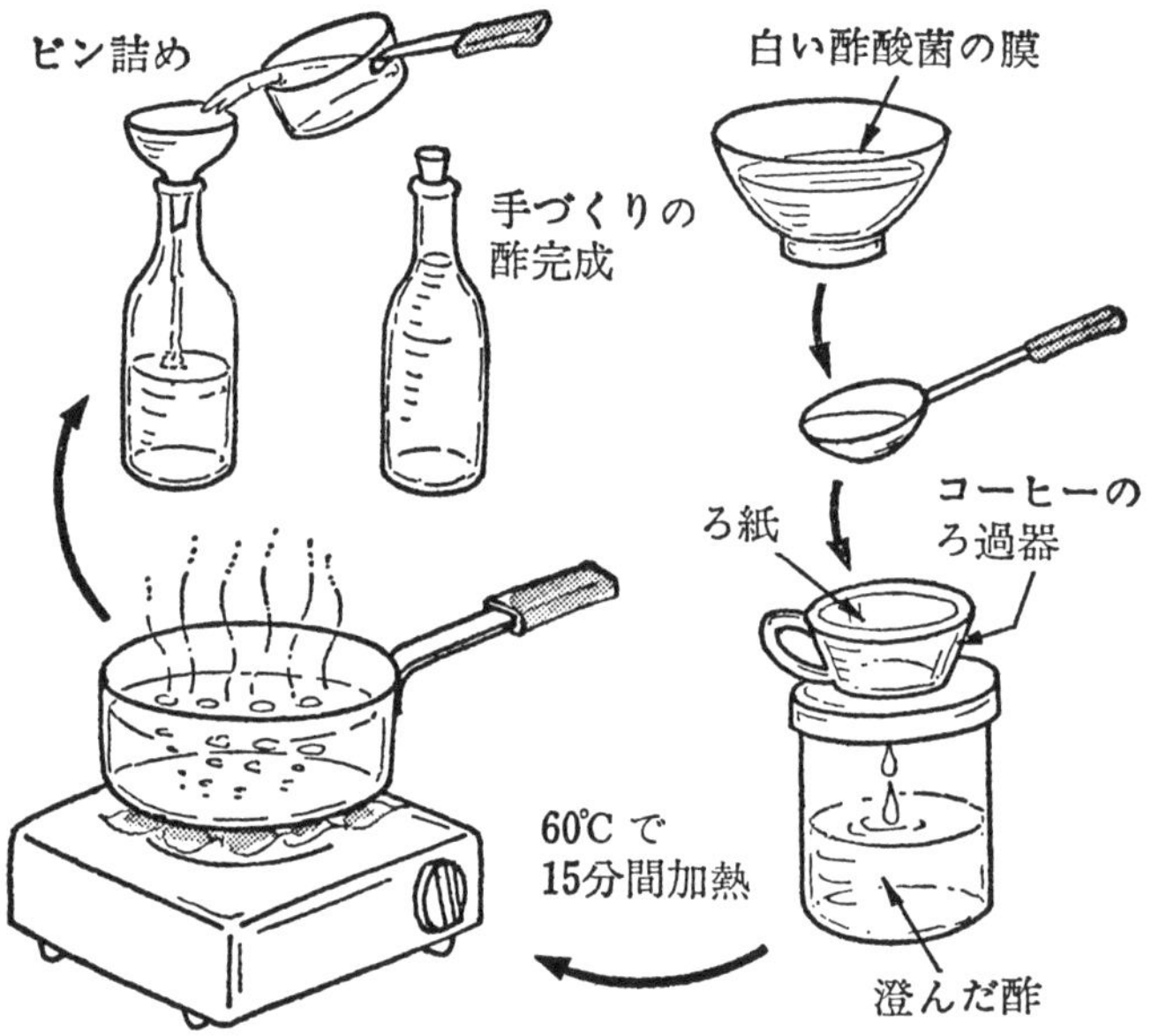

と思うアルコールの中に入れる。最初からタネ酢（酢酸菌の培養したもの）で酢酸発酵させるから、雑菌が繁殖せず確実に酢になる。温度はアルコール発酵と同じ三〇度がよい。

一週間くらいで酢ができるが、指を突っ込んでなめてみて、適当な酸っぱさで発酵を止める。放っておくと、アルコールがなくなれば酢酸菌は自分のつくった酢酸を食べ始めるので、酸っぱさが減っていく。酢酸発酵を止めるには火入れをするとよい。沸とうしないように六〇度くらいで一五分間加熱する。酢酸菌が死ぬのでそれ以上酢酸発酵は進まない。これをビン詰めにすればば、米酢やブドウ酢、リンゴ酢、カキ酢などが完成する。

【ビール利用のタネ酢つくり】 もう一つのタネ酢のつくり方は、ビールを利用するやり方である。ビール三に対し食酢一の割合でまぜる。酢を加えるのは、雑菌をおさえ酢酸菌が繁殖しやすくするためである。やはり前と同じように酢酸菌の膜ができる。これをタネ酢として利用する。

酢をつくるばあいの注意点は、酢酸菌は好気性発酵をするのを忘れないこと。できるだけ表面の広い容器で発酵させる。表面に膜ができたらよくかき回して、中まで空気を送り込む。これをくり返して適当な酸っぱさまでもっていく。

もう一つ注意することは、アルコールの濃度が高いと酢酸菌が繁殖できないから、アルコールの濃度は四〜五%まで落としてやること。

ふつうの市販の食酢は酢酸が四%ほど含まれている。だからそれくらいの濃度のお酢をつくればよい。四%の酢酸をつくるには、四%の濃度のアルコールがあればよい。よく発酵させれば、アルコールはほとんど酢酸に変わると考えてよいからだ。

だから、砂糖を加えて一五〜一六度のブドウ酒をつくったなら、それを四倍に水でうすめてタネ酢を加える。タネ酢をつくるときも、同じようにアルコールをうすめてつくること。ビールならアルコールの度数が適当なので、そのまま使えるというわけだ。

市販の安物の酢などは、工業的につくった酢酸を水で割って何種類かの薬品を加えてつくる。何とも味けないし、危険な添加物も含まれているという。

赤やピンク、コハク色などいろいろな酢を手造りして、料理を楽しむというのはなんともぜいたくなことである。こんな楽しみを許さない酒税法とは全く不思議きわまる、世界の珍法というべきか。

本書は『ドブロクをつくろう』(1981年刊)を底本に、
判型・造本を変えて復刊したものです。
執筆者の略歴は、底本発行時のものです。
また、登場する食材や書籍等の情報も当時のままであることをご承知おきください。

ドブロクをつくろう

1981年4月30日　初版第1刷発行
2007年9月25日　初版第42刷発行
2020年3月5日　復刊第1刷発行

編者　前田　俊彦

発行所　一般社団法人 農山漁村文化協会
〒107-8668　東京都港区赤坂7-6-1
電話　03(3585)1142(営業)　03(3585)1147(編集)
FAX　03(3585)3668　振替 00120-3-144478
URL　http://www.ruralnet.or.jp/

ISBN 978-4-540-19213-5
〈検印廃止〉

印刷/藤原印刷㈱
製本/根本製本㈱
定価はカバーに表示